职业教育创新融合系列教材

电梯电气施工技术

张云峰 屈省源 张继涛 主　编
吕晓娟 潘斌 殷勤 张艺凡 副主编
张书 主　审

DIANTI DIANQI
SHIGONG
JISHU

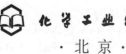
·北京·

内容简介

《电梯电气施工技术》是为适应高职院校电梯工程技术专业教学需要而编写的一部教材，内容包括电气控制技术基础、电气施工技术基础两部分。电气控制技术基础讲述了三相异步电动机、常用低压电器、继电器-接触器控制电路分析等内容。电气施工技术基础讲述了电气施工常用工具、仪表，常用电气设备安装，常用室内配线等内容。本书理论与实践结合，图文并茂。为方便教学，配套了电子课件。

本书可作为高等职业院校电梯工程技术、建筑电气工程技术、楼宇智能化工程技术和设备安装工程技术等专业的教材，也可作为中等职业学校相关专业的教学用书和相关培训用书，以及电梯电气工程施工人员的施工参考书。

图书在版编目（CIP）数据

电梯电气施工技术 / 张云峰，屈省源，张继涛主编.
北京：化学工业出版社，2024.11. --（职业教育创新融合系列教材）. -- ISBN 978-7-122-46617-4

Ⅰ. TU857

中国国家版本馆 CIP 数据核字第 2024AA3223 号

责任编辑：韩庆利　　　　　　　　文字编辑：吴开亮
责任校对：刘　一　　　　　　　　装帧设计：史利平

出版发行：化学工业出版社
　　　　　（北京市东城区青年湖南街 13 号　邮政编码 100011）
印　　装：北京云浩印刷有限责任公司
787mm×1092mm　1/16　印张 10　字数 246 千字
2025 年 2 月北京第 1 版第 1 次印刷

购书咨询：010-64518888　　　　　　售后服务：010-64518899
网　　址：http://www.cip.com.cn
凡购买本书，如有缺损质量问题，本社销售中心负责调换。

定　　价：35.00 元　　　　　　　　　　　　版权所有　违者必究

前　言

随着建筑行业的不断发展和建筑智能化程度的不断提高，电气工程在建筑工程中占有越来越重要的地位，电气工程的规模越来越大，功能越来越全，技术含量越来越高，以致电气施工技术应用的范围越来越宽，涉及的专业越来越多、领域越来越广。随着社会经济的快速发展，各类建筑广泛建设、全面发展，需要大量的能适应新时代建筑的电气工程施工人员。在设计与施工过程中需要加强施工人员安全施工和规范作业意识，并努力推广电气施工新技术、新工艺、新方法。

《电梯电气施工技术》针对电梯安装、电梯维护保养、电梯场检等工作岗位对电气控制技术技能、电气施工技术技能等方面的要求，面向电梯工程技术专业人员编写，可作为高等职业院校电梯工程技术、建筑电气工程技术、楼宇智能化工程技术和设备安装工程技术等专业的教材，也可作为中等职业学校相关专业教材和相关培训用书，以及电梯电气工程施工人员的施工参考书。

本书由中山职业技术学院张云峰、屈省源、张继涛担任主编，由中山职业技术学院吕晓娟、潘斌、殷勤和梁黄顾建筑设计（深圳）有限公司上海分公司张艺凡担任副主编，中山职业技术学院肖伟平、凌黎明、王青、童中春、翟永全、陈柏基、齐宇昕参与编写，由中山职业技术学院张书担任主审。

本书在编写过程中参考了大量的资料，在此谨向这些资料的作者表示衷心感谢。由于编者水平有限和时间仓促，书中难免有疏漏之处，敬请读者批评指正，编者不胜感激。

为方便教师教学和学生学习，本书还配有免费的电子教学课件，请有此需要的教师到QQ群410301985下载使用。

编　者

目 录

上篇　电气控制技术基础

单元一　三相异步电动机 2

课题一　三相异步电动机的结构 2
课题二　三相异步电动机的工作原理 5
课题三　三相异步电动机的特性 8
课题四　三相异步电动机的选择 13
课题五　三相异步电动机的运行 14
课题六　三相异步电动机的铭牌认知 20
思考与练习 23

单元二　常用低压电器 24

课题一　开关电器 24
课题二　主令电器 28
课题三　接触器 30
课题四　继电器 31
课题五　熔断器 34
课题六　电梯主要电气部件 35
思考与练习 43

单元三　继电器-接触器控制电路分析 44

课题一　三相异步电动机单向启动控制 44
课题二　三相异步电动机的正反转控制 48
课题三　三相异步电动机的顺序控制 51
课题四　三相异步电动机的时间控制 53
课题五　三相异步电动机的速度和行程控制 55
思考与练习 57

| 单元四 | 电梯电气控制技术实训 | 58 |

下篇　电气施工技术基础

单元一　电气施工常用工具、仪表 — 66

- 课题一　电气施工常用安装工具 …… 66
- 课题二　电气施工常用测量仪表 …… 75
- 课题三　导线连接及电量测量 …… 79
- 思考与练习 …… 90

单元二　常用电气设备安装 — 91

- 课题一　插座和开关的安装 …… 91
- 课题二　照明电气装置的安装 …… 95
- 课题三　电风扇的安装 …… 106
- 课题四　配电箱（柜、盘）的安装 …… 108
- 课题五　家用配电设计与安装 …… 114
- 思考与练习 …… 120

单元三　常用室内配线 — 121

- 课题一　电气施工阶段 …… 121
- 课题二　室内配线方式及原则 …… 126
- 课题三　线管配线 …… 127
- 课题四　线槽配线 …… 136
- 课题五　塑料护套线配线 …… 139
- 课题六　电缆桥架配线 …… 141
- 思考与练习 …… 145

单元四　电梯电气施工技术实训 — 146

参考文献 — 154

上篇

电气控制技术基础

单元一

三相异步电动机

学习课题	课题一	三相异步电动机的结构
	课题二	三相异步电动机的工作原理
	课题三	三相异步电动机的特性
	课题四	三相异步电动机的选择
	课题五	三相异步电动机的运行
	课题六	三相异步电动机的铭牌认知
学习目标	知识	了解三相异步电动机的结构、特性、铭牌 掌握三相异步电动机的工作原理 熟悉三相异步电动机的选择要求 掌握三相异步电动机的运行控制及要求
	技能	三相异步电动机的结构认知及拆装技能
重点		掌握三相异步电动机的运行控制及要求
难点		掌握三相异步电动机的工作原理、运行特性

笔记

电机是指能实现机械能与电能相互转换的旋转机械,包括发电机和电动机。其中,发电机是把机械能转换为电能的电机;电动机是将电能转换为机械能的电机。

本单元重点介绍三相异步电动机,要求掌握三相异步电动机的工作原理;了解三相异步电动机的结构、特性和铭牌;熟悉三相异步电动机的选择要求;了解三相异步电动机的电磁转矩与机械特性;掌握三相异步电动机的启动、调速、反转与制动的常用方法。

课题一 三相异步电动机的结构

三相异步电动机由静止和旋转两个基本部分构成。静止的部分叫定子,转动的部分叫转子,在定子与转子之间有一定的间隙,称为气隙。其结构如图1-1所示。

一、定子

1. 定子铁芯

三相异步电动机的定子主要由机座、定子铁芯、三相定子绕组和端盖等部分组成。定子铁芯是电动机主磁路的一部分,为减小铁耗,常采用0.5mm或0.35mm两面涂有绝缘漆的

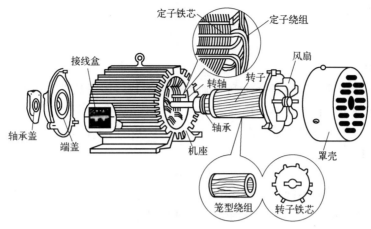

图 1-1 三相异步电动机的结构

硅钢片冲片叠压而成。定子铁芯内圆上有均匀分布的槽，用以嵌放三相定子绕组，如图 1-2 所示。

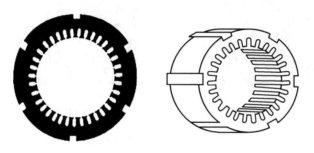

(a) 定子铁芯冲片　　(b) 定子铁芯

图 1-2 定子冲片及铁芯

2. 定子绕组

定子绕组是电动机的电路部分，常用漆包线在绕线模上绕制成线圈，按一定规律嵌入定子槽内制成，用以建立旋转磁场，实现能量转换。三相定子绕组 6 个接线端分别引至机座上的接线盒内并与 6 个接线柱相连，再根据设计要求接成星形（Y）或三角形（△），如图 1-3 所示。

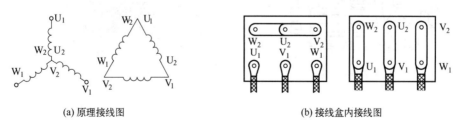

(a) 原理接线图　　(b) 接线盒内接线图

图 1-3 定子绕组的连接方法

3. 机座

机座一般由铸铁或铸钢制成，其作用是固定定子铁芯、定子绕组和端盖，并通过端盖和轴承来支承电动机转子。封闭式电动机外表面还有散热筋，以增加散热面积。大型电动机常用钢板焊接而成。

二、转子

1. 转子铁芯

转子主要由转子铁芯、转子绕组和转轴等部分组成。转子铁芯是电机主磁路的另一部分，它固定在转轴上，转子铁芯采用 0.27mm 或 0.15mm 厚硅钢冲片叠压而成，其外圆上有均匀分布的槽，用以嵌放转子绕组。

2. 转子绕组

转子绕组是转子电路部分，用以产生转子电动势和转矩。转子绕组有笼型和绕线型两种。根据转子绕组结构的不同，三相异步电动机分为笼型和绕线型两种。笼型转子是在转子铁芯的槽内放置铜条，铜条的两端分别焊接在两个铜环（端环）上，使转子绕组构成闭合回路，其形状与笼子相似，如图 1-4 所示。

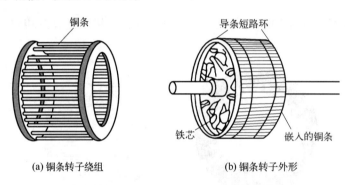

(a) 铜条转子绕组　　(b) 铜条转子外形

图 1-4　铜条笼型转子结构

目前，中、小型笼型异步电动机大多采用铸铝转子，即用熔化的铝将转子铁芯槽内铝条、端环和冷却用的风叶烧铸为一体，简化了铸造工艺，降低了成本，如图 1-5 所示。

笔记

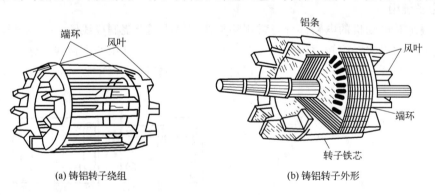

(a) 铸铝转子绕组　　(b) 铸铝转子外形

图 1-5　铸铝笼型转子结构

绕线型转子绕组与定子绕组类似，用绝缘导线绕制而成，按一定规律嵌放在转子铁芯槽中，组成三相对称绕组。绕组一般连接成星形，三个首端分别接到装在转轴上的三个集电环上，通过一组电刷引出来与外部的三相变阻器连接起来，如图 1-6 所示。绕线型异步电动机的构造比笼型电动机复杂，成本也高，但它具有较好的启动和调整性能，一般用在有特殊需要的场合。

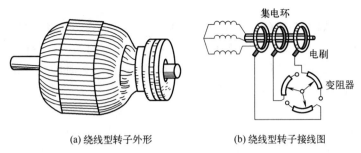

(a) 绕线型转子外形　　　　(b) 绕线型转子接线图

图 1-6　绕线型异步电动机转子

课题二　三相异步电动机的工作原理

一、旋转磁场

1. 旋转磁场的产生

定子铁芯槽中放有三相对称定子绕组 U_1U_2、V_1V_2、W_1W_2，将三相绕组连接成星形，接在三相电源上，绕组中便通入三相对称电流 i_U、i_V、i_W，如图 1-7 所示。

三相对称电流的波形如图 1-7（a）所示。图 1-7（b）所示为三相异步电动机两磁极旋转磁场的产生原理。

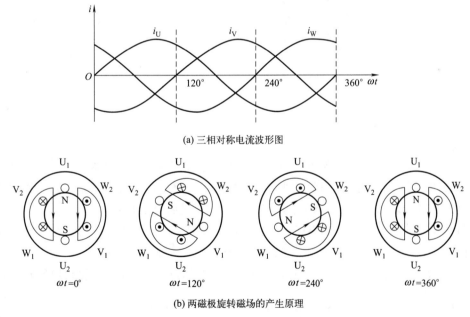

(a) 三相对称电流波形图

(b) 两磁极旋转磁场的产生原理

图 1-7　三相电源产生的旋转磁场（$p=1$）

现将三相对称电流通入三相对称绕组，为方便分析，下面取几个不同瞬时电流通入定子绕组，并规定各相电流"首端进，尾端出"时为正，反之，"首端出，尾端进"时为负。

在 $\omega t=0$ 的瞬时，定子绕组中的电流方向如图 1-7（a）所示，$i_U=0$，$i_V<0$，$i_W>0$，将每相绕组所产生的磁场相加，便得出三相电流的合成磁场。这时合成磁场轴线的方向是自上而下的。

在 $\omega t = 120°$ 时，如图 1-7（b）所示，$i_V = 0$，$i_W < 0$，$i_U > 0$，将每相绕组所产生的磁场相加，便得出三相电流的合成磁场。这时的合成磁场已在空间顺时针转过 120°。

同理可得在 $\omega t = 240°$ 时三相电流的合成磁场，比 $\omega t = 120°$ 时的合成磁场在空间顺时针又转过 120°，如图 1-7（b）所示。

按同样的方法，可以分析 $\omega t = 360°$ 时所形成的合成磁场，如图 1-7（b）所示。

由以上分析可见，当电流在时间上变化一个周期，即 360°电角度，合成磁场便在空间刚好转过一周，且任何时刻合成磁场的大小相等。当定子绕组中通入三相对称电流后，它们共同产生的合成磁场随着电流的变化在空间不断旋转，这就是旋转磁场。旋转磁场的转速通常称为同步转速。

2. 旋转磁场的旋转方向

从图 1-7（b）可以看出，三相合成磁场的方向总是与电流达到最大值的那一相绕组轴线重合。所以，旋转磁场的转向取决于三相电流通入定子绕组的电流的相序。若将交流电 U 相接 U 相绕组，V 相接 V 相绕组，W 相接 W 相绕组，则旋转磁场的转向为 U→V→W，即顺时针方向旋转。

若将定子绕组接到电源上的三相引出线的任意两根对调一下，例如对调了 V 与 W 两相，则电动机三相绕组的 V 相与 W 相对调（注意：电源三相端子的相序未变），旋转磁场变为逆时针方向，电动机旋转方向反向，如图 1-8 所示。

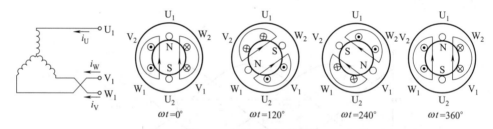

图 1-8　磁场逆时针旋转

笔记

3. 旋转磁场的转速

旋转磁场的极数就是三相异步电动机的极数，它和三相绕组的连接方式有关。在图 1-7 中，每相绕组只有一个线圈，均匀排放在定子铁芯的 6 个槽内，绕组的始端之间相差 120°空间角，则产生的旋转磁场具有一对磁极，即 $p = 1$（p 是磁极对数）。

若每相定子绕组有两个线圈串联，三相绕组分别放入 12 个槽内，绕组的始端之间相差 60°空间角，则形成两对磁极（四极）的旋转磁场，$p = 2$，如图 1-9 所示。

同理，如果要产生三对磁极，即 $p = 3$ 的旋转磁场，则每相绕组必须有均匀安排在空间中的串联的三个线圈，绕组的始端之间相差 40° $\left(\dfrac{120°}{3}\right)$ 空间角。

三相异步电动机的转速与旋转磁场的转速有关，而旋转磁场的转速取决于磁场的极数。由图 1-7 可见，在一对磁极（$p = 1$）时，当电流从 $\omega t = 0°$ 到 $\omega t = 120°$ 经历了 120°时，磁场在空间也旋转了 120°。当电流交变了一次（一个周期）时，磁场恰好在空间旋转了一周。设电流的频率为 f_1，即电流每秒交变 f_1 次或每分钟交变 $60 f_1$ 次，转速的单位为 r/min，则旋转磁场的转速为

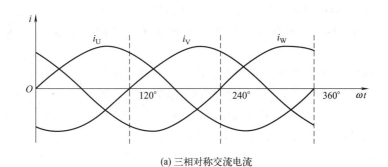

(a) 三相对称交流电流

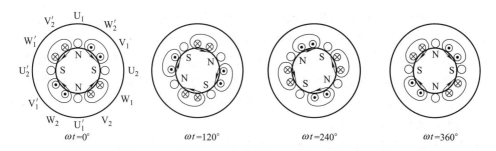

(b) 四磁极产生原理

图 1-9 四极旋转磁场（$p=2$）

$$n_1 = 60f_1 \tag{1-1}$$

由图 1-9 可见，在旋转磁场具有两对磁极（$p=2$）时，当电流也从 $\omega t=0°$ 到 $\omega t=120°$ 经历了 120°时，而磁场在空间仅旋转了 60°。也就是说，当电流交变了一次时，磁场仅旋转了半周，比 $p=1$ 的情况转速慢了一半，即

$$n_1 = 60f_1/2 \tag{1-2}$$

由此推知，当旋转磁场具有 p 对磁极时，磁场的同步转速为

$$n_1 = 60f_1/p \tag{1-3}$$

因此，旋转磁场的转速 n_1 取决于电流频率 f_1 和磁场的磁极对数 p。

在我国，工频 $f=50\text{Hz}$，于是由式（1-3）可得出对应于不同磁极对数 p 的旋转磁场转速 n_1（r/min），见表 1-1。

表 1-1 不同磁极对数旋转磁场的转速

p	1	2	3	4	5	6
$n_1/(\text{r/min})$	3000	1500	1000	750	600	500

二、工作原理

1. 转子转动原理

向三相定子绕组中通入三相交流电就会在空间产生旋转磁场，如图 1-10 所示，N、S 用来表示定子旋转磁场的磁极。当旋转磁场以速度 n_1 顺时针旋转时，转子导体则相对旋转磁场逆时针转动而切割磁力线，由电磁感应原理可知，在转子导条中会有感应电动势产生，由于转子导体是闭合的，则产生感应电流，其方向可由右手定则确定。载流导体在磁场中将受到电磁力的作用，根据左手定则可以确定转子导体所受电磁力 f 的方向。它对转子转轴产生一个顺时针方向的电磁转矩，于是转子沿着顺时针方向（旋转磁场的相同方向）转动。旋转的磁场可以带动转子同方向旋转。

由此得出三相异步电动机的工作原理：向三相对称定子绕组中通入三相对称交流电就会在空间产生对称的旋转磁场；开始时，静止的转子与旋转磁场有相对位移，切割磁力线产生感应电动势，闭合的转子中有感应电流产生；带电导体在磁场中受到电磁力合成的电磁力矩的作用旋转，向外输出机械能。

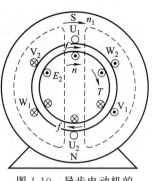

图 1-10 异步电动机的转子转动原理

2. 转差率 s

转子总是跟随旋转磁场而转动，且转子的转速 n 总是略小于旋转磁场的转速 n_1。若转子与旋转磁场之间没有相对运动，转子导体就不切割磁力线，转子的电动势、电流以及电磁力等均不存在。转子的转速 n 与旋转磁场的转速 n_1 只能异步，这就是异步电动机名称的由来。通常把旋转磁场的转速 n_1 叫同步转速，转子的转速 n 叫异步转速。又因为转子导体的电流是由旋转磁场感应而来的，所以异步电动机又称感应电动机。

一般用转差率 s 来表示转子转速 n 与旋转磁场的转速 n_1 相差的程度，即

$$s = (n_1 - n)/n_1 \tag{1-4}$$

转差率 s 是描述异步电动机运行情况的一个重要物理量。电动机启动瞬间，$n=0$，$s=1$，转差率最大；当异步电动机转速达到 $n=n_1$ 时，转差率 $s=0$。空载运行时，转子转速最高，即越接近磁场转速，转差率越小，$s=0.0005\sim0.005$；额定负载运行时，转子转速比空载低，故转差率比空载时大，$s=0.01\sim0.07$。

[例 1-1] 一台三相异步电动机，已知 $p=2$，$n_N=1440\text{r/min}$，试求额定转差率 s_N。

解： 由已知条件 $p=2$，可得

$$n_1 = \frac{60f_1}{p} = \frac{60\times50}{2} = 1500 \text{ (r/min)}$$

笔记

电动机的额定转差率为

$$s_N = \frac{n_1 - n_N}{n_1} = \frac{1500 - 1440}{1500} = 0.04$$

[例 1-2] 一台三相异步电动机，额定转速 $n_N=1460/\text{min}$，电源频率 $f=50\text{Hz}$，求该电动机的同步转速、磁极对数和额定运行时的转差率。

解： 由于额定转速小于且接近同步转速，由表 1-1，可知与 1460r/min 最接近的同步转速为 $n_1=1500\text{r/min}$，对应的磁极对数为 $p=2$，所以额定运行时的转差率为

$$s_N = \frac{n_1 - n_N}{n_1} = \frac{1500 - 1460}{1500} = 0.027$$

课题三 三相异步电动机的特性

一、电动势和电流

从异步电动机的结构可知：三相异步电动机的定子绕组相当于变压器的一次绕组，转子

绕组相当于变压器的二次绕组；功率传递与变压器一样，通过电磁感应来实现。因此，三相异步电动机各相绕组中的电压、电流之间的关系与变压器有着相似的关系式。

1. 旋转磁场对定子绕组的作用

异步电动机的定子绕组是静止不动的，所以旋转磁场和定子绕组的导体之间就有相对运动，必然会在定子绕组中产生感应电动势，且感应电动势的频率和电源频率一样。而感应电动势的大小为

$$E_1 = 4.44 f_1 N_1 K_1 \Phi_m \tag{1-5}$$

式中，E_1 为定子绕组感应电动势有效值，V；f_1 为定子绕组感应电动势频率，Hz；N_1 为定子绕组的匝数；K_1 为定子绕组的绕组系数，其值取决于绕组的结构，$K_1 < 1$；Φ_m 为旋转磁场每极主磁通最大值，Wb。

由于定子绕组本身的阻抗电压降比电源电压要小得多，所以

$$U_1 \approx E_1 = 4.44 f_1 N_1 \Phi_m \tag{1-6}$$

由式（1-6）可见，当电源电压 U_1 不变时，定子绕组中的主磁通 Φ 也基本不变。

2. 旋转磁场对转子的作用

（1）转子绕组中感应电动势、电流的频率

定子绕组导体与旋转磁场之间的相对速度固定，而转子绕组导体与旋转磁场之间的相对速度随转子的转速不同而变化，所以转子感应电动势频率 f_2 为

$$f_2 = p(n_1 - n)/60 = pn_1(n_1 - n)/(60 n_1) = s f_1 \tag{1-7}$$

（2）转子绕组中的感应电动势

$$E_2 = 4.44 f_2 N_2 K_2 \Phi_m = 4.44 s f_1 N_2 K_2 \Phi_m \tag{1-8}$$

即转子的电动势 E_2、电流的频率 f_2 与转差率 s 成正比。

当转速 $n = 0$（$s = 1$）时，f_2 最高，且 E_2 最大，有

$$E_{20} = 4.44 f_1 N_2 K_2 \Phi_m \tag{1-9}$$

故可得

$$E_2 = s E_{20} \tag{1-10}$$

即转子绕组中的感应电动势 E_2 与转差率 s 成正比，随着转子转速的增加，转子中的感应电动势减少。

（3）转子绕组中的电流和功率因数

转子绕组电路中除有绕组导线电阻 R_2 外，还有因漏磁通存在而等效的漏感抗 X_2，它也随 s 的变化而变化。

$$X_2 = 2\pi f_2 L_{\sigma 2} = 2\pi s f_1 L_{\sigma 2} = s X_{20} \tag{1-11}$$

由此转子绕组中的电流为

$$I_2 = E_2 / \sqrt{R_2^2 + X_2^2} = s E_{20} / \sqrt{R_2^2 + (s X_{20})^2} \tag{1-12}$$

由于转子绕组中的漏感抗 X_2，因此 I_2 与 E_2 之间存在一个相位差 φ_2，转子绕组电路的功率因数为

$$\cos\varphi_2 = R_2 / \sqrt{R_2^2 + X_2^2} = R_2 / \sqrt{R_2^2 + (s X_{20})^2} \tag{1-13}$$

由式（1-11）～式（1-13）可见，转子绕组中的漏感抗 X_2、电流 I_2 均与转差率成正比，但功率因数 $\cos\varphi_2$ 却随转差率 s 的增大而减小。

综上可知，当三相异步电动机静止时，$n = 0$（$s = 1$），转子绕组电路中的 f_2、E_2、I_2

最大而 $\cos\varphi_2$ 最小；随着转子转速的增加，转子绕组电路中的 f_2、E_2、I_2 减小而 $\cos\varphi_2$ 增加。

二、电磁转矩

三相异步电动机作为动力机械，其转轴上输出的两个最主要物理量为电磁转矩 T 和转速。可以证明，三相异步电动机的电磁转矩 T 与转子绕组中的电流 I_2、定子旋转磁场的每极磁通 Φ_m 及转子绕组电路的功率因数 $\cos\varphi_2$ 成正比，可表示为

$$T = C_T \Phi_m I_2 \cos\varphi_2 \tag{1-14}$$

式中，C_T 为与电动机结构有关的转矩常数；$\cos\varphi_2$ 为转子回路的功率因数。

将式（1-12）和式（1-13）代入式（1-14）得到另一个表达电磁转矩与电动机参数之间的关系的表达式，即

$$T = C'_T \frac{sR_2 U_1^2}{R_2^2 + (sX_{20})^2} \tag{1-15}$$

式中，U_1 为电动机电源电压，V；C'_T 为电动机结构常数；R_2 为电动机转子绕组电阻，Ω；X_{20} 为电动机转子不转时，转子绕组的漏感抗；s 为电动机的转差率。

由式（1-15）可见，转矩 T 与电源电压 U_1^2 成正比，所以当电源电压有所变动时，对转矩的影响很大。此外，转矩 T 还受转子电阻 R_2 的影响。例如，当电压降低到额定电压的 70％时，则转矩下降到原来的 49％。这是电动机的缺点之一。通常，当电源电压低于额定值的 85％时，就不允许异步电动机投入运行了。

三、机械特性

当电源电压 U_1 和转子电阻 R_2 一定时，电磁转矩 T 和转差率 s 的关系称为三相异步动机的转矩特性。图 1-11 所示为由 $T=f(s)$ 曲线变换为 $n=f(T)$ 曲线。首先画出 $T=f(s)$ 曲线，如图 1-11（a）所示，在实际生产中，人们更关心转速与电磁转矩 T 之间的关系 $n=f(T)$，把曲线 $T=f(s)$ 顺时针转过 90°并相应地转换坐标，即可得机械特性曲线 $n=f(T)$，如图 1-11（b）所示。

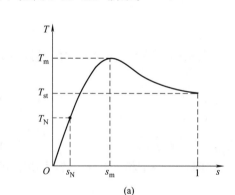
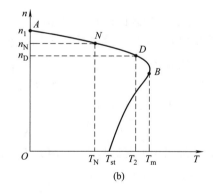

图 1-11 由 $T=f(s)$ 曲线变换为 $n=f(T)$ 曲线

我们研究机械特性的目的是分析电动机的运行性能。为正确使用异步电动机，应注意机械特性曲线上的两个区域（稳定区、不稳定区）和三个重要转矩。

1. 稳定区和不稳定区

以最大转矩 T_m 为界进行划分，上边的为稳定运行区，下边的为不稳定区。

（1）工作于稳定区（稳定运行区域：AB 段）

稳定运行时，电动机轴上输出的转矩等于负载转矩，$T=T_2$，当负载转矩发生变化时，电动机能自动调节到新的稳定运行状态。

例如：在 N 点稳定运行，$T_N=T_2$，当 $T_2\uparrow$，$n\downarrow$，$T\uparrow$，$T=T_2$ 时，在 D 点稳定。

优点：负载变化时，转速变化不大，运行特性好。

一般三相异步电动机的机械特性曲线上，AB 段的大部分较平坦，虽然转矩 T 的范围很大，但转速的变化不大。这种特性叫作硬机械特性，简称硬特性，特别适用于一般金属切削机床等生产机械。

（2）工作于不稳定区（不稳定区域：B 点向下一段）

缺点：电动机工作于不稳定区，电磁转矩不能自动适应负载转矩变化，不能稳定运行。

由此可见，电动机在稳定运行时，其电磁转矩和转速的大小都取决于它所拖动的机械负载的大小。

2. 三个重要转矩

在机械特性曲线上，应注意三个转矩：额定转矩 T_N、最大转矩 T_m、启动转矩 T_{st}。

（1）额定转矩 T_N

电动机带动额定负载时，转轴上的输出转矩称为额定转矩，如图 1-11 中的 N 点所示。此时 $n=n_N$，$T=T_N$，轴上额定输出功率为 P_N。

在电动机的铭牌和产品目录中，通常给出了电动机的额定输出功率 P_N 和额定转速 n_N，可得电动机的额定转矩为

$$T_N=9.55\frac{P_N}{n_N} \tag{1-16}$$

式中，T_N 为额定转矩，N·m；P_N 为额定输出功率，W；n_N 为额定转速，r/min。

注意：使用式（1-16）时，单位不需再换算。额定转矩是电动机在额定负载时的转矩，它可从电动机铭牌上的额定功率（输出机械功率）和额定转速应用公式求得。

[例 1-3] 某普通车床的主轴电动机（Y132M-4 型）的额定功率为 7.5kW，额定转速为 1440r/min，则其额定转矩为多少？

解：

$$T_N=9.55\frac{P_N}{n_N}=9.55\times\frac{7.5\times1000}{1440}=49.7\text{（N·m）}$$

三相异步电动机的额定工作点通常约在机械特性稳定区的中部，如图 1-11 所示，为避免电动机出现过热现象，不允许电动机在超过额定转矩的情况下长期运行。

（2）最大转矩 T_m

最大转矩 T_m 是电动机输出的最大转矩，也称临界转矩。当负载转矩超过最大转矩时，电动机就带不动负载了，将导致电动机的转速急剧下降而停止转动，发生所谓的闷车现象。闷车后，电动机的电流立即上升，就相当于启动时的电流（额定电流的 6~7 倍），电动机绕组将因过热而烧毁。如果过载时间较短，电动机不至于立即过热，是允许的。对应于最大转矩的转差率为 s_m，它由 $\frac{\partial T}{\partial s}=0$ 求得

$$s_m = \frac{R_2}{X_{20}} \tag{1-17}$$

将 s_m 代入，可得最大转矩

$$T_m = C'_T \frac{U_1^2}{2X_{20}} \tag{1-18}$$

由式（1-18）可见，电动机的最大转矩 T_m 与电源电压 U_1^2 成正比，与转子电阻 R_2 无关。最大转矩也表示电动机短时允许过载能力。电动机的额定转矩 T_N 比 T_{max} 要小，在产品目录中，过载能力是以最大转矩与额定转矩比值（T_m/T_N）的形式给出的，其比值叫作电动机的过载系数 λ。

$$\lambda = \frac{T_m}{T_N} \tag{1-19}$$

一般三相异步电动机的过载系数为 1.8~2.2。供起重机械和冶金机械用的电动机过载能力较大，$\lambda = 2.3$~3.4。使用三相异步电动机时，应使负载转矩小于最大转矩。在选用电动机时，必须考虑可能出现的最大负载转矩，而后根据所选电动机的过载系数算出电动机的最大转矩，它必须大于最大负载转矩。否则，就要重选电动机。

（3）启动转矩 T_{st}

电动机在接通电源启动的瞬间，$n=0$（$s=1$），这时的转矩称为启动转矩 T_{st}。将 $s=1$ 代入式（1-15）即得出

$$T_{st} = C'_T \frac{R_2 U_1^2}{R_2^2 + (X_{20})^2} \tag{1-20}$$

由式（1-20）可见，T_{st} 与 U_1^2 及 R_2 有关。当电源电压 U_1 降低时，启动转矩 T_{st} 会减小，因而有可能使带负载的电动机不能启动。当转子电阻适当增大时，启动转矩会增大。

$T_{st} < T_L$（负载转矩），电动机不能启动，与堵转情况相同，应立即切断电源。

$T_{st} > T_L$，电动机可带负载启动。T_{st} 启动转矩越大，启动就越迅速，电动机的工作点沿机械特性曲线从底部很快进入稳定区。

在产品目录中，通常给出比值 T_{st}/T_N 来衡量电动机的启动能力。一般三相异步电动机的启动转矩不大，Y 系列异步电动机 $T_{st}/T_N = 1.4$~2.2。

[例 1-4] 已知两台异步电动机的额定功率都是 5.5kW，其中一台额定转速为 2900r/min，过载系数 2.2，另一台额定转速为 960r/min，过载系数 2.0，求它们的额定转矩和最大转矩？

解：第一台电动机额定转矩为

$$T_{N1} = 9.55 \frac{P_N}{n_N} = 9.55 \times \frac{5.5 \times 1000}{2900} = 18.1 \,(\text{N} \cdot \text{m})$$

最大转矩为

$$T_{m1} = \lambda_1 T_{N1} = 2.2 \times 18.1 = 39.8 \,(\text{N} \cdot \text{m})$$

第二台电动机额定转矩为

$$T_{N2} = 9.55 \frac{P_N}{n_N} = 9.55 \times \frac{5.5 \times 1000}{960} = 54.7 \,(\text{N} \cdot \text{m})$$

最大转矩为

$$T_{m2} = \lambda_2 T_{N2} = 2.0 \times 54.7 = 109.4 \,(\text{N} \cdot \text{m})$$

此例说明，若电动机的输出功率相同、转速不同，则转速低的转矩较大。

课题四　三相异步电动机的选择

合理选择电动机关系到生产机械的安全运行和投资收益。可根据生产机械所需功率选择电动机的容量，根据工作环境选择电动机的结构外形，根据生产机械对调速、启动的要求选择电动机的电压，根据生产机械的转速选择电动机的转速。

一、容量的选择

电动机的容量是根据它的发热情况来选择的。在允许温度以内，电动机绝缘材料的寿命为15~25年。如果经常超过允许温度运行，绝缘老化会加快，会使电动机的使用年限缩短。一般来说，经常超过8℃，使用年限就要缩短一半。电动机的发热情况还与生产机械的负载大小及运行时间长短有关。如果电动机的容量选择过小，则电动机会经常过载发热而缩短寿命。如果电动机的容量选择过大，又会经常工作在轻载状态，使效率和功率因数很低，不经济。所以，应按不同的运行方式选择电动机容量，见表1-2。

表1-2　电动机功率因数、效率随负载的变化

负载情况	空载	1/4负载	1/2负载	3/4负载	满载
功率因数	0.2	0.5	0.77	0.85	0.89
效率	0	0.78	0.85	0.88	0.88

长期运行的电动机的容量等于生产机械功率除以效率。短时运行的电动机允许短时过载，过载时间越短，则允许过载越大。但过载量不能无限增大，必须小于电动机的最大转矩。电动机的额定功率应大于生产机械功率除以过载系数。重复断续运行的电动机可选择重复短时运行的专用电动机。选择容量可采用等效负载等方法，所选容量应大于或等于等效负载。

笔记

二、结构外形的选择

为保证电动机在不同环境中安全可靠地运行，电动机结构外形的选择应参照以下原则：开启式在结构上无特殊防护装置，通风散热好，价格便宜，适用于干燥无灰尘的场所。防护式可防雨水、铁屑等进入电动机内部，但不能防尘、防潮，适用于灰尘不多且较干燥的场所。封闭式外壳严密封闭，能防止潮气和灰尘进入，适用于潮湿、多尘或含酸性气体的场所。防爆式整个电动机全部密封，适用于有爆炸性气体的场所，如石油、化工生产中。

三、电压和转速的选择

三相电动机都选用额定电压380V，单相电动机选用220V。所需功率大于100kW时，可选用3000V和6000V的高压电动机。在功率相同的情况下，转速越高，磁极对数越少，电动机的体积越小，价格也就越便宜。但高转速电动机转矩小，启动电流大。频繁启动、制动的机械，为缩短启动时间，可考虑选择低速电动机。转速是由生产机械的生产工艺决定的，因此应全面考虑各种因素，选择合适转速的电动机。

注意：电动机的额定电压一定要和所使用的电源的电压相匹配。

电动机的安装应遵循如下原则。

① 有大量尘埃、爆炸性或腐蚀性气体，环境温度40℃以上，以及水中作业等场所，应该选择具有合适防护形式的电动机。

② 一般场所安装电动机，要注意防潮。不得已的情况下要抬高基础，安装换气扇除潮。

③ 通风条件要好，灰尘要少。环境温度过高会降低电动机的效率，甚至使电动机过热。灰尘会附在电动机的线圈上，使电动机绝缘电阻降低、冷却效果恶化。

④ 安装地点要便于对电动机的维护、检查。

电动机的绝缘如果损坏，运行中机壳就会带电。一旦机壳带电而电动机又没有良好的接地装置，当操作人员接触机壳时，就会发生触电事故。因此，电动机的安装、使用一定要有接地保护。电源中性点直接接地系统，采用保护接中性线；在电动机密集区域，应将中性线重复接地。电源中性点不接地系统，应采用保护接地。

课题五　三相异步电动机的运行

一、三相异步电动机的启动

1. 启动性能

电动机的启动就是从定子接通电源，使电动机的转子由静止加速到以一定的稳定转速运转的过程。启动过程所需时间很短，一般在几秒以内。电动机功率越大或带的负载越大，启动时间就越长。电动机能够启动的条件是启动转矩必须大于负载转矩。

对三相异步电动机启动性能的要求主要有以下几点。

① 启动电流要小。在启动瞬间，$n=0$，$s=1$，此时旋转磁场与静止的转子之间有着最大的相对转速，因而转子绕组感应出来的电动势和电流都很大。和变压器的原理一样，转子电流很大，定子电流也必然相应很大。这时，定子绕组中的电流称为启动电流，其值为额定电流的4~7倍。

电动机若启动频繁，由于热量的积累，对电动机会产生影响。因此，在实际操作中尽可能不让电动机频繁启动。如用离合器将主轴与电动机轴相脱离，而不将电动机停下来。过大的启动电流将导致供电线路的电压在电动机启动瞬间突然降落，以致影响同一线路上的其他电气设备的正常工作，如灯光的明显闪烁，正常运转的电动机的转速下降以致使电动机停下来，某些电磁控制元件产生误动作等。

② 启动转矩要适当。启动时间短。电动机在启动时，尽管启动电流较大，但由于转子的功率因数很低，因此电动机的启动转矩实际上是不大的。一般异步电动机的启动转矩是额定转矩的1.0~2.2倍。如果启动转矩过小，就不能在满载下启动。但启动转矩如果过大，会使传动机构（例如齿轮）受到冲击而损坏。一般机床的主电动机都是空载启动（启动后再切削），对启动转矩没有什么要求。但对横梁行走电动机以及起重用的电动机，应采用启动转矩较大的。

由上述可知，异步电动机启动时的主要缺点是启动电流较大，启动转矩小。所以笼型异步电动机的启动性能较差。为了减小启动电流（有时也为了提高或减小启动转矩），必须采用适当的启动方法。

③ 启动设备尽可能简单、经济，操作要方便。

2. 笼型异步电动机的启动方法

笼型异步电动机的启动方法有直接启动（全压启动）和降压启动两种。

（1）直接启动（全压启动）

直接启动就是利用刀开关或接触器将电动机直接接到具有额定电压的电源上启动，如图 1-12 所示。此方法启动最简单，投资少，启动时间短，启动可靠，但启动电流大。因为启动电流大，引起的线路压降就大，可能影响其他设备的正常工作。是否采用直接启动，取决于电源的容量及启动的频繁程度。

直接启动一般只用于小容量电动机，如 7.5kW 以下的电动机可采用全压启动。如果电源容量足够大，可允许容量较大的电动机直接启动。可参考下列经验公式来确定电动机是否直接启动，即

$$\frac{3}{4}+\frac{电源总容量(kV \cdot A)}{4 \times 电动机容量(kW)} \geqslant \frac{I_{st}}{I_N}=K_1 \qquad (1-21)$$

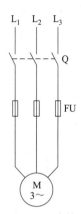

图 1-12 直接启动原理

式（1-21）的左边为电源允许的启动电流倍数，右边为电动机的启动电流倍数，所以只有电源允许的启动电流倍数大于电动机的启动电流倍数时才能直接启动，否则应采用降压启动。

[例 1-5] 一台 20kW 的电动机，启动电流与额定电流之比为 6.5，其电源变压器容量为 560kV·A，问能否全压启动？另一台 75kW 的电动机，启动电流与额定电流之比为 7，能否全压启动？

解：对于 20kW 的电动机，根据经验公式得

$$\frac{3}{4}+\frac{电源总容量}{4 \times 电动机容量}=\frac{3}{4}+\frac{560 \times 10^3}{4 \times 20 \times 10^3}=7.75 \quad >6.5$$

由于电源允许的启动电流倍数大于全压启动电流倍数，所以允许全压启动。

对于 75kW 的电动机，根据经验公式得

$$\frac{3}{4}+\frac{电源总容量}{4 \times 电动机容量}=\frac{3}{4}+\frac{560 \times 10^3}{4 \times 75 \times 10^3}=2.62 \quad <7$$

由于电源允许的启动电流倍数小于全压启动电流倍数，所以不允许全压启动。

（2）降压启动

降压启动是通过启动设备使加到电动机上的电压小于额定电压以减小启动电流，当启动过程结束后，再加全压运行。降压启动的目的是在启动时降低加在电动机定子绕组上的电压，减小启动电流，但同时也减小了电动机的启动转矩（$T_{st} \propto U_1^2$）。这种启动方法适用于对启动转矩要求不高的设备。下面介绍几种常见的降压启动方法。

① 定子串电阻（或电抗）降压启动。

定子串电阻或电抗降压启动，就是启动时在笼型异步电动机定子三相绕组中串接对称电阻（或电抗），以限制启动电流，待启动后再将它切除，使电动机在额定电压下正常运行，如图 1-13 所示。

启动时，先将转换开关 S 打开，后合上主开关 Q 进行启动，此时较大的启动电流在启动电阻（或电抗）上产生了较大的电压降，从而降低了加到定子绕组上的电压，起到了减小启动电流的作用。当转速升高到一定数值时，把 S 合上，切除启动电阻（或电抗），电动机在全压下进入稳定运行。电阻降压启动时耗能较大，一般只在较小容量的电动机上采用，容

量较大的电动机多采用电抗降压启动。这种启动方法的优点是启动较平稳，运行可靠，设备简单。缺点是启动转矩随电压的平方线性降低，只适合轻载启动，启动时电能损耗较大。

② 星-三角形（Y-△）降压启动。Y-△降压启动接线原理如图1-14所示。启动时先将开关 Q_2 投向"启动"侧，定子绕组接成星形（Y），然后合电源开关 Q_1 启动。此时，定子每相绕组电压为额定电压的 $1/\sqrt{3}$，从而实现了降压启动。待转速上升至一定数值时，将 Q_2 投向"运行"侧，恢复定子绕组为三角形（△）连接，使电动机在全压下运行。

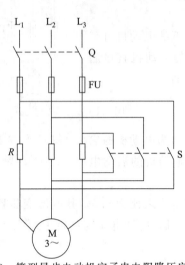

图 1-13　笼型异步电动机定子串电阻降压启动原理

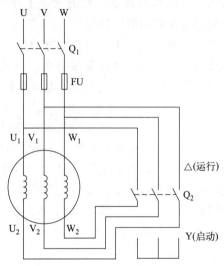

图 1-14　Y-△降压启动接线原理

电动机三角形（△）连接直接启动时，定子每相绕组所加相电压 $U_p=U_1=U_N$，启动电流（线电流）可表示为

$$I_{st\triangle} = \sqrt{3}U_N/|Z| \tag{1-22}$$

星形（Y）连接启动时，定子每相绕组的相电压 $U_p=U_1/\sqrt{3}=U_N/\sqrt{3}$，启动电流可表示为

$$I_{stY}=U_p/|Z|=U_N/(\sqrt{3}|z|) \tag{1-23}$$

比较以上两式，可得到启动电流减小的倍数为

$$I_{stY}/I_{st\triangle}=1/3 \tag{1-24}$$

根据 $T_{st} \propto U_1^2$，可得启动转矩减小的倍数为

$$\frac{T_{stY}}{T_{st\triangle}} = \left(\frac{U_N/\sqrt{3}}{U_N}\right)^2 = \frac{1}{3} \tag{1-25}$$

即采用 Y-△ 降压启动时，启动电流降为直接启动时的 1/3；启动转矩也降为直接启动时的 1/3（启动转矩与每相绕组所加电压的平方成正比）。

Y-△降压启动操作方便，启动设备简单，应用较为广泛，但它仅适用于正常运行时定子绕组做三角形连接的电动机，因此一般用途的小型异步电动机，当容量大于 4kW 时，定子绕组都采用三角形连接。由于启动转矩为直接启动时的 1/3，这种启动方法多用于空载或轻载启动。

③ 自耦变压器降压启动。大容量星形连接的三相笼型异步电动机常采用自耦变压器做降压启动，自耦变压器降压启动也称启动补偿器，它的接线图如图 1-15 所示。

启动时，把开关 Q_2 投向"启动"侧，并合上开关 Q_1，这时自耦变压器的高压侧接至电源，低压侧（有抽头，按需要选择）接电动机定子绕组，电动机在低压下启动。待转速上升至一定数值时，再把 Q_2 切换到"运行"侧，切除自耦变压器，电动机直接接至额定电压的电源运行。

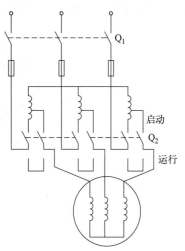

图 1-15　笼型异步电动机
自耦变压器降压启动

用这种方法启动，电源供给的启动电流 I''_{st} 是直接启动时的 $\dfrac{1}{k^2}$（k 为自耦变压器的电压比），启动转矩 T''_{st} 也为直接启动时的 $\dfrac{1}{k^2}$。

自耦变压器设有三个抽头，如 QJ_2 型三个抽头比（即 $1/h$）分别为 55%、64%、73%，QJ_3 型为 40%、60%、80%，可得到三种不同的电压，以便根据启动转矩的要求灵活选用。

采用自耦变压器降压启动时的线路较复杂，设备价格较高，不允许频繁启动。这种方法的优点是使用灵活，不受定子绕组接线方式的限制，缺点是设备笨重、投资大。

综上所述，各种降压启动方法虽然都降低了启动电流，但同时也降低了启动转矩，因而降压启动适用于电动机轻载或空载启动的场合。对容量较大或正常运行时接成 Y 连接而不能采用△启动的笼型异步电动机，常采用自耦补偿器启动。

普通笼型异步电动机启动转矩较小，若满足不了要求，可选用具有较大启动转矩的双笼型或深槽型异步电动机。

二、三相异步电动机的调速

为了提高生产效率或满足生产工艺的要求，许多生产机械在工作过程中都需要调速。异步电动机的转速公式如下。

$$n=(1-s)n_1=(1-s)\dfrac{60f}{p} \tag{1-26}$$

由异步电动机的转速公式可知，三相异步电动机的调速方法有变极（p）调速（笼型异步电动机）、变频（f）调速（笼型异步电动机）和 变转差率（s）调速（绕线转子异步电动机）。

1. 变极调速

由式（1-26）可知，当电源频率 f 一定时，转速 n 近似与磁极对数成反比，磁极对数增加一倍，转速近似减小一半。可见，改变磁极对数就可调节电动机转速。

定子绕组的变极是通过改变定子绕组线圈端部的连接方式来实现的。所谓改变定子绕组线圈端部的连接方式，实质就是把每相绕组中的半相绕组改变电流方向（半相绕组反接）来实现变极。如图 1-16 所示，把 U 相绕组分成两半：线圈 U_{11}、U_{12} 和 U_{21}、U_{22}。

笔记

图 1-16（a）为两线圈正向串联，得 $p=2$；图 1-16（b）是两线圈反向并联，得 $p=1$。在变极调速的同时，必须改变电源的相序，否则电动机就反转。

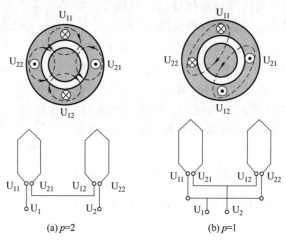

(a) $p=2$　　　　(b) $p=1$

图 1-16　定子绕组的变极

变极调速只适用于笼型异步电动机，因为笼型转子的极对数能自动地保持与定子极对数相等。变极实质上是改变定子旋转磁场同步转速，故变极调速不能平滑调速。

2. 变频调速

变频调速如图 1-17 所示，由于电源频率 f 能连续调节，故可得到较大范围的平滑调速。它属无级调速，调速性能好，但需有一套专用变频设备。

随着晶闸管器件及变流技术的发展，变频变压调速已是自 20 世纪 80 年代起迅速发展起来的一种电力传动调速技术，是一种很有发展前途的三相异步电动机的调速装置。

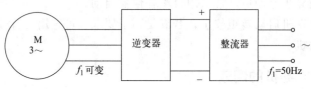

图 1-17　变频调速

3. 变转差率调速

变转差率调速如图 1-18 所示，在绕线转子异步电动机转子回路里串可调电阻，在恒转矩负载下，转子回路电阻增大，其转速 n 下降。这种调速方法的优点是有一定的调速范围，设备简单，但能耗较大，效率较低，广泛用于起重设备。

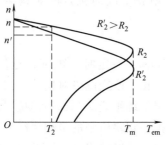

图 1-18　变转差率调速

三、三相异步电动机的制动

所谓制动，就是使电动机产生一个与旋转方向相反的电磁转矩（即制动转矩），使电动机迅速停车或减速。常用的电气制动方法有能耗制动、反接制动和回馈制动。

1. 能耗制动

异步电动机能耗制动如图 1-19 所示，异步电动机能耗制动接线如图 1-19（a）所示。制动方法是切断电源开关 Q_1，同时闭合开关 Q_2，在定子两相绕组之间通入直流电流。于是定子绕组产生一个固定磁场，转子因惯性而旋转切割该固定磁场，在转子绕组中产生感应电动势和电流。由图 1-19（b）可知，转子导体与恒定磁场相互作用产生电磁转矩，其方向与转子转向相反，起制动作用，因此转速迅速下降。当转速下降至零时，转子感应电动势和电流也降至零，制动过程结束。

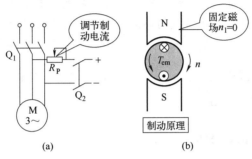

图 1-19 能耗制动

制动期间，运转部分所储存的动能转变为电能消耗在转子回路的电阻上，故称能耗制动。对于笼型异步电动机，可通过调节直流电流的大小来控制制动转矩的大小，对绕线转子异步电动机，还可采用转子串电阻的方法来增大初始制动转矩。能耗制动能量消耗小，制动平稳，广泛应用于要求平稳准确停车的场合，也可用于起重机一类的机械上，用来限制重物下降速度，使重物匀速下降。

2. 反接制动

异步电动机反接制动如图 1-20 所示，异步电动机反接制动接线如图 1-20（a）所示。制动时将电源开关 Q 由"运行"位置切换到"制动"位置，把它的任意两相电源接线对调，

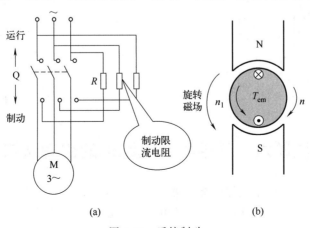

图 1-20 反接制动

定子旋转磁场方向反了，而转子由于惯性仍继续按原方向旋转，这时转矩方向与电动机的旋转方向相反，如图 1-20（b）所示，成为制动转矩。

若制动的目的仅为停车，则在转速接近于零时，可利用某种控制电器将电源自动切除，否则电动机将会反转。反接制动时，由于转子的转速相对于反转旋转磁场的转速（$n+n_1$）大，因此电流较大。为限制制动电流，较大容量的电动机通常在定子电路（笼型）或转子电路（绕线型）串接限流电阻。反接制动方法简单，制动效果较好，在中型机床主轴的制动中常采用，但能耗较大。

3. 回馈制动

回馈制动如图 1-21 所示。回馈制动发生在电动机转速 n 大于定子旋转磁场转速 n_1 时，如当起重机下放重物时，重物拖动转子，使转速 $n>n_1$。这时，转子绕组切割定子旋转磁场的方向与原电动机状态相反，则转子绕组感应电动势和电流方向也随之相反，电磁转矩方向也相反，即由于转向变为反向，成为制动转矩，使重物受到制动而匀速下降。实际上这台电动机已转入发电机运行状态，它将负载的势能转变为电能而回馈到电网，故称回馈制动。

另外，将多速电动机从高速调到低速的过程中，也会发生这种制动。因为刚将磁极对数 p 加倍时，磁场转速立即减半（由 $n_1=\dfrac{60f_1}{p}$ 可知），但由于惯性，转子的转速只能逐渐下降，因此就会出现 $n>n_1$ 的情况。

四、三相异步电动机的反转

根据三相异步电动机的工作原理可以分析得到：三相异步电动机的反转方法就是将三相定子绕组与电源的任意两接线对调，如图 1-22 所示。当 S 向上掷时，电动机正转；当 S 向下掷时，电动机反转。

笔记

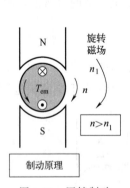

图 1-21　回馈制动

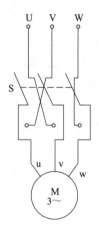

图 1-22　三相异步电动机正、反转

课题六　三相异步电动机的铭牌认知

每台电动机出厂前，机座上都钉有一块铭牌，见表 1-3。要正确使用电动机，必须要看懂铭牌上的技术数据。现以 Y160L-4 型三相交流异步电动机为例，说明铭牌上各数据的含义。

表 1-3　Y 系列三相异步电动机的铭牌

三相异步电动机		
型号 Y160L-4	额定功率 15kW	额定频率 50Hz
额定电压 380V	额定电流 30.3A	接法 △
额定转速 1460r/min	绝缘等级 B	额定工作方式 S1
温升 75℃	重量 150kg	防护等级 IP44
	2009 年 8 月	光明电机厂

一、铭牌数据含义

1. 型号

型号是电动机类型和规格的代号。国产三相异步电动机的型号由汉语拼音字母和阿拉伯数字等组成。例如 Y160L-4 型三相交流异步电动机：

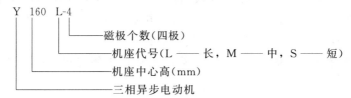

2. 额定功率

额定功率是指电动机在额定状态下运行时，轴上输出的机械功率。

3. 额定电压

额定电压是指电动机在额定状态下运行时，定子绕组应加的线电压值。

4. 额定电流

额定电流是指电动机在额定状态下运行时，定子绕组的线电流值。

5. 额定转速

额定转速是指电动机在额定状态下运行时，转轴上输出的转速。

6. 接法

接法是指三相交流异步电动机定子绕组与交流电源的连接方式。国家标准规定，3kW 以下的三相交流异步电动机均采用星形（Y）连接，4kW 以上的三相交流异步电动机均采用三角形（△）连接。

7. 额定工作方式

额定工作方式是指三相异步电动机按铭牌额定值工作时允许的工作方式。一般分为以下三种方式：S1，连续工作方式，表示可长期连续运行，温升不会超过允许值，如水泵等。S2，短时工作方式，表示按铭牌额定值工作时，只能在规定的时间内短时运行，时间为 10s、30s、60s、90s 四种。否则，将会引起电动机过热。S3，断续工作方式，表示按铭牌工作时，可长期运行于间歇方式，如起重机等。

8. 额定频率

额定频率是指三相异步电动机使用的交流电源的频率，我国统一为 50Hz。

9. 温升

温升是指三相异步电动机在运行时允许的温度升高值。最高允许温度等于室温加上此温升值。

10. 绝缘等级

绝缘等级是指三相异步电动机所用的绝缘材料等级。三相异步电动机允许温升的高低，与所采用的绝缘材料的耐热性能有关。共分为 6 个等级，绝缘等级与三相异步电动机的允许温升关系见表 1-4。

表 1-4　绝缘材料耐热性能等级

绝缘材料等级	A	E	B	F	H	C
最高允许温度/℃	105	120	130	155	180	180
电动机允许温升/℃	60	75	80	120	125	大于 125

11. 防护等级

防护等级是指三相异步电动机外壳防护形式的分级。如 IP44，IP 表示防固体异物和防水综合防护等级，后两位数字分别表示防固体异物和防水的等级均为四级。

[例 1-6] Y180M-4 型电动机技术数据：额定功率 $P_N=18.5\text{kW}$，额定转速 $n_N=1440\text{r/min}$，额定电压 $U_N=380\text{V}$，△连接，额定电流 $I_N=35.9\text{A}$，额定功率因数 $\cos\varphi_N=0.86$，$I_{st}/I_N=7.0$，$T_{st}/T_N=1.5$，$T_m/T_N=2.2$。

试求：①磁极对数；②额定转差率；③启动电流；④额定转矩；⑤启动转矩；⑥最大转矩。

解：①磁极对数：由于 $n_N=1440\text{r/min}$，所以 $n_1=1500\text{r/min}$，由表 1-1 可知，电动机的磁极对数 $p=2$。

实际上，由其型号最后的数字 4 也可知：它是两对磁极的电动机。

② 额定转差率：

$$S_N=\frac{n_1-n}{n_1}=\frac{1500-1440}{1500}=0.04$$

笔记

③ 启动电流：由 $I_{st}/I_N=7.0$ 可得

$$I_{st}=7.0\times35.9=251.3\text{ (A)}$$

④ 额定转矩：

$$T_N=9.55\frac{P_N}{n_N}=9.55\times\frac{18.5\times10^3}{1440}=122.7\text{ (N·m)}$$

⑤ 启动转矩：由 $T_{st}/T_N=1.5$ 可得

$$T_{st}=1.5T_N=1.5\times122.7=184.05\text{ (N·m)}$$

⑥ 最大转矩：由 $T_m/T_N=2.2$ 可得

$$T_m=2.2T_N=2.2\times122.7=269.94\text{ (N·m)}$$

二、三相异步电动机的认知

结合电梯机房中曳引机、电梯轿厢门机的电动机，认知三相异步电动机的铭牌，并填写表 1-5。

表 1-5　电梯曳引机或轿厢门机电动机的铭牌

型号		额定功率		额定频率	
额定电压		额定电流		接法	
额定转速		绝缘等级		工作方式	
温升		重量		防护等级	
生产日期			生产厂家		

思考与练习

1. 三相异步电动机主要由哪几个部分组成？其定子铁芯与转子铁芯有哪些主要不同点？
2. 三相异步电动机的定子绕组有哪两种连接方式？
3. 三相异步电动机的旋转磁场的方向由什么决定？旋转磁场的转速与哪些因素有关？
4. 何谓异步电动机的转差率？转差率等于 0 对应什么情况，这在实际中存在吗？
5. 一台三相异步电动机的 $f_N=60Hz$，$n_N=960r/min$，该电动机的磁极对数和额定转差率是多少？
6. 某电动机型号为 Y160L-4，电源频率 $f_1=60Hz$，转差率 $s=0.026$，求电动机转速 n。
7. 有两台额定功率均为 66kW 的三相异步电动机，其中一台额定转速为 980r/min，另一台额定转速为 2960r/min，试求它们的额定转矩。
8. 一台三相异步电动机接在电压为 380V 的线路上，已知电动机的最大转矩为额定转矩的 2.2 倍。如果电源电压有时出现短时下降的现象，最低时可能下降到 300V，试问电动机在额定负载下能否稳定运行？为什么？
9. 已知某三相异步电动机的额定功率 $P_N=4kW$，过载系数 $\lambda=2.2$，额定转速 $n_N=1400r/min$，试求它的最大转矩和额定转矩。
10. Y255S-4 电动机的技术数据：△联结，$P_N=37kW$，$n_N=1480r/min$，$U_N=380V$，$I_N=35.9A$，$\cos\varphi_N=0.87$，$I_{st}/I_N=7.0$，$T_{st}/T_N=1.9$，$T_m/T_N=2.2$，试求：①电动机的磁极对数；②额定转差率；③启动电流；④额定转矩；⑤启动转矩；⑥最大转矩。
11. 四极三相异步电动机的额定功率为 30kW，额定电压为 80V，采用三角形连接，频率为 60Hz。在额定负载下运行时，其转差率为 0.02，效率为 90%，线电流为 67.6A，试求：①旋转磁场相对于转子的转速；②额定转矩；③功率因数。
12. 笼型三相异步电动机在什么情况下可以直接启动？能否直接启动取决于什么？
13. 笼型三相异步电动机有哪三种降压启动方法？
14. 三相异步电动机有哪三种调速方法？各有什么特点？
15. 三相异步电动机有哪三种制动方法？
16. 三相异步电动机如何实现正反转？
17. 选择三相异步电动机时应考虑哪些因素？
18. 三相异步电动机的一根电源线断后，为什么不能启动？而在运行时断了一根线，为什么仍能继续转动？这两种情况对电动机各有什么影响？

单元二

常用低压电器

学习课题	课题一	开关电器
	课题二	主令电器
	课题三	接触器
	课题四	继电器
	课题五	熔断器
	课题六	电梯主要电气部件
学习目标	知识	了解低压电器的常开、常闭概念 了解各种低压电器的结构、原理 熟悉各种低压电器的图形符号 掌握各种低压电器的功能、作用、选择、使用
	技能	熟练掌握各种低压电器的拆装、接线
重点		接触器的结构、原理、功能、作用及使用
难点		低压电器的图形符号及如何实现过载、短路、失压等保护作用

　　低压电器是指工作在交流额定电压1200V及以下、直流额定电压1500V及以下的电路中，以实现对电路或非电对象的控制、检测、保护、变换、调节等作用的电器。根据其控制对象的不同，低压电器分为配电电器和控制电器两大类。低压配电电器主要用于低压配电系统和动力回路，常用的有刀开关、转换开关、熔断器及断路器等；低压控制电器主要用于电力传输系统和电气自动控制系统中，常用的有主令电器、接触器、继电器及电磁铁等。本单元主要认识常用的几种低压电器。

课题一　开关电器

　　低压开关主要用作隔离、转换及接通和分断电路，多数用作机床电路的电源开关和局部照明电路的控制开关，有时也可用来直接控制小容量电机的启动、停止和正反转。低压开关一般为非自动切换电器，常用的主要类型有刀开关、组合开关和低压断路器。

一、刀开关

　　刀开关是一种结构简单且应用最广泛的低压电器，最常用的是由刀开关和熔断器组合而成的负荷开关。负荷开关分为开启式负荷开关和封闭式负荷开关两种。

1. 开启式负荷开关

开启式负荷开关旧称瓷底胶盖刀开关,俗称闸刀开关。生产中常用的是 HK 系列开启式负荷开关,适用于照明、电热设备及小容量电动机的控制电路中,供手动不频繁地接通和分断电路,并起短路保护作用。HK 系列开启式负荷开关是由刀开关和熔断器组合而成的一种电器,其结构如图 2-1 所示。开关的瓷底座上有进线座、静触头、熔丝、出线座及带瓷质手柄的刀式动触头,上面盖有胶盖以保证用电安全。

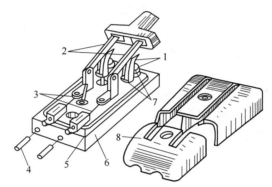

图 2-1　HK 系列开启式负荷开关
1—进线座；2—动触头；3—熔丝；4—螺钉；5—出线座；6—瓷底座；7—静触头；8—胶盖

HK 系列开启式负荷开关没有专门的灭弧装置,仅靠胶盖的遮护来防止电弧灼伤操作人员,因此不易带负荷操作或频繁操作。若带一般性负荷操作时,操作者动作一定要迅速,使电弧尽快熄灭。因其价格便宜,结构简单,操作方便,所以在一般的照明电路和功率小于 5.5kW 的电动机的控制电路中仍常被采用。用于照明电路时,可选用额定电压为 250V,额定电流等于或大于电路最大工作电流的两极开关；用于电动机直接启动时,可选用额定电压为 380V 或 500V,额定电流等于或大于电动机额定电流 3 倍的三极开关。

刀开关的安装与使用注意事项：一般必须垂直安装在控制屏或开关板上,不能横装或倒装；接通时手柄应朝上；接线时应把电源线接在静触头一边的进线座,负载接在动触头一边的出线座,不可接反,否则在更换熔丝时会发生触电事故。HK 系列开启式负荷开关的符号如图 2-2 所示。

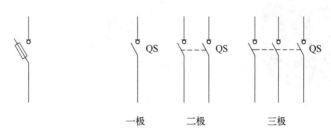

(a) 带熔断器负荷开关　　　　　　(b) 负荷开关

图 2-2　HK 系列开启式负荷开关的符号

2. 封闭式负荷开关

封闭式负荷开关俗称铁壳开关,可不频繁地接通和分断负载电路,也可用于控制 15kW 以下的交流电动机的不频繁直接启动和停止。

常用的封闭式负荷开关有 HH3、HH4 系列,其中 HH4 系列为全国统一设计产品。它是由刀开关、熔断器、操作机构和外壳组成。这种开关的操作机构具有以下两个特点:一是采用了储能分合闸方式,使触头的分合速度与手柄的操作速度无关,有利于迅速熄灭电弧,从而提高开关的通断能力,延长其使用寿命;二是设置了联锁装置,保证了开关在合闸状态下开关盖不能开启,而当开关盖开启时又不能合闸,确保操作安全。封闭式负荷开关在电路图中的符号与开启式负荷开关相同。

(1) 封闭式负荷开关选用注意事项

① 封闭式负荷开关的额定电压应不小于线路的工作电压。

② 封闭式负荷开关用于控制照明、电热负载时,开关的额定电流应不小于所有负载额定电流之和;用于控制电动机时,开关的额定电流应不小于电动机额定电流的 3 倍。

(2) 封闭式负荷开关使用注意事项

① 开关外壳应可靠接地,防止意外漏电造成触电事故。

② 封闭式负荷开关不允许随便放在地上使用。

③ 操作时要站在开关的手柄侧,不准面对开关,避免因故障电流使开关爆炸,使铁壳飞出伤人。

二、组合开关

组合开关又称转换开关,常用于交流 50Hz、380V 以下及直流 220V 以下的电路,用于手动不频繁地接通和断开电路、接通电源和负载以及控制 5kW 以下小容量异步电动机的启停和正反转。常用的组合开关有 HZ10 系列,其结构和符号如图 2-3 所示。

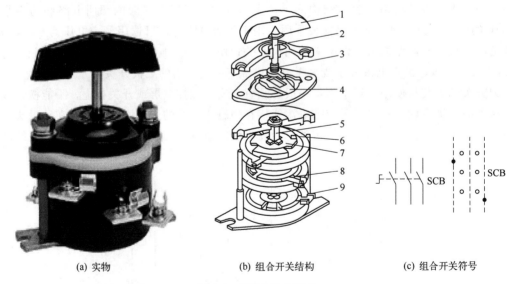

(a) 实物　　　　(b) 组合开关结构　　　　(c) 组合开关符号

图 2-3　HZ10 组合开关

1—手柄;2—转轴;3—弹簧;4—凸轮;5—绝缘杆;6—绝缘垫片;
7—动触头;8—静触片;9—接线端子

它的内部有三个静触头,分别装在绝缘垫片上,并附有接线柱,用于与电源及用电设备的连接。三个动触头是由磷铜片或硬紫铜片和具有良好绝缘性能的绝缘钢纸板铆合而成,和绝缘垫片一起套在附有手柄的绝缘杆上,手柄每转动 90°,带动三个动触头分别与三个静触片接通或断开，实现接通或断开电路的目的。开关的顶盖部分由凸轮、弹簧及手柄等零件构成操作机构，由于采用了扭簧储能，可使触头快速闭合或分断，从而提高了开关的通断能力。

组合开关具有体积小、寿命长、结构简单、操作方便、灭弧性能较好等优点，应根据电源种类、电压等级、所需触头数以及电动机的容量进行选用。

三、低压断路器

低压断路器俗称自动空气开关或自动空气断路器。它集控制和多种保护功能于一体，可用于分断和接通负荷电路，控制电动机的启动和停止；同时具有短路、过载、欠电压保护等功能，能自动切断故障电路，保护用电设备的安全。按其结构不同，分为框架式 DW 系列（又称万能式）和塑壳式 DZ 系列（又称装置式）两大类。常用的是 DZ5-20 型低压断路器 DZ5-20 型属于小电流系列，额定电流为 20A。DZ10 型属于大电流系列，额定电流为 100～600A。低压断路器的外形结构和符号如图 2-4 所示。

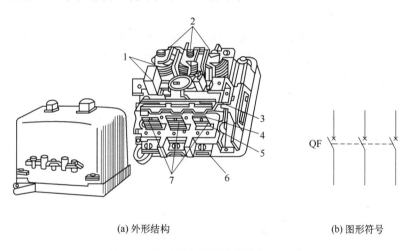

(a) 外形结构　　　　　　(b) 图形符号

图 2-4　低压断路器的外形结构和符号

1—按钮；2—主触点；3—操作机构；4—电磁触头；5—辅助结构；6—接线端子；7—固定触头

1. DZ 系列断路器的结构和工作原理

DZ5-20 型低压断路器主要由触头系统、灭弧装置、操作机构和保护装置（各种脱扣器）等部分组成。其工作原理如图 2-5 所示。使用时低压断路器的三个主触头串接于被保护的三相主电路中，经操作机构将其闭合，此时自由脱扣器机构将主触头钩住，使主触头保持闭合，开关处于接通状态。当线路发生短路故障时，短路电流超过过电流脱扣器的动作电流值，过电流脱扣器 6 的衔铁吸合，顶撞操作机构 10 向上将锁扣 4 顶开，在弹簧 1 的作用下使主触头 2 断开。线路正常时，欠电压脱扣器 8 的衔铁吸合；当主电路出现欠电压、失电压时，欠电压脱扣器 8 的衔铁释放，衔铁在拉力弹簧的作用下撞击操作机构 10，将锁扣 4 顶开，使主触头 2 断开。当线路发生过载时，过载电流流过热脱扣器 7 的热元件产生一定的热量，使双金属片受热向上弯曲，通过操作机构 10 将锁扣 4 顶开，使主触头 2 断开。分励脱扣器用于远距离分断电路，按下按钮 SB，分励脱扣器线圈得电，衔铁吸合顶动操作机构 10 上移将锁扣 4 顶开，使主触头 2 断开。

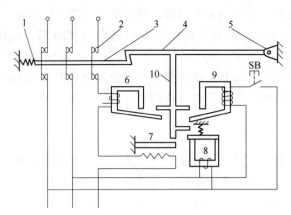

图 2-5 断路器工作原理

1—弹簧；2—主触头；3~5—自由脱扣机构（锁扣）；6—过电流脱扣器；7—热脱扣器；
8—欠压脱扣器；9—分励脱扣器；10—操作机构

2. 低压断路器的选用

① 低压断路器额定电压（电流）等于或大于线路额定电压（计算负荷电流）。

② 过电流脱扣器瞬时脱扣整定电流应大于线路正常工作时的峰值电流。用于控制电动机的断路器，其瞬时脱扣整定电流可按下式选取

$$I_2 \geqslant K_1 I \tag{2-1}$$

式中，K_1 为安全系数，可取 1.5~1.7；I_2 为电动机的启动电流，A。

③ 断路器欠电压脱扣器额定电压等于线路额定电压。

④ 断路器分励脱扣器额定电压等于控制电源电压。

⑤ 热脱扣器的整定电流等于所控制负载的额定电流。

课题二 主令电器

主令电器是电气自动控制系统中用来发送或转换控制指令的操纵电器，利用它来控制接触器、继电器或其他电器，使电路接通和分断，从而实现对生产机械的自动控制。常用的主令电器有按钮开关、行程开关、主令控制器等。

一、按钮开关

按钮开关是一种用来短时接通或分断小电流电路的电器，一般情况下，它不直接控制主电路的通断，而是在控制电路中发出指令或信号去控制接触器、继电器等电器，再由它们去控制主电路的通断。

按钮开关的触头允许通过的电流很小，一般不超过 5A。按钮开关的结构原理如图 2-6 所示，由按钮帽、复位弹簧、常开静触头、常闭静触头和外壳等组成。

按钮开关的种类很多，在机床中常用的有 LA2、LA10、LA18、LA19、LA20 等系列，其中 LA18 系列按钮开关是积木式结构，触头数目可按需要拼装。按钮开关的结构形式有揿钮式、旋钮式、紧急式、钥匙式。LA19 系列在按钮开关内装有信号灯，除作为控制电路的主令电器外，还可兼作信号指示灯用。为了便于操作人员识别，避免发生误操作，生产中用不同的颜色来区分按钮的功能及作用。红色代表急停，黄色代表异常情况，绿色、黑色可用

作启动按钮。

按钮开关按静态时触头的分合状态，可分为常开按钮（启动按钮）、常闭按钮（停止按钮）和复合按钮（常开、常闭组合为一体的按钮）。常开按钮：未按下时，触头是断开的；按下时触头闭合；当松开后，按钮开关自动复位。常闭按钮：未按下时，触头是闭合的；按下时触头断开；当松开后，按钮开关自动复位。复合按钮：按下复合按钮时，其常闭触头先断开，然后常开触头闭合；松开复合按钮时，其常开触头先断开，然后常闭触头闭合。

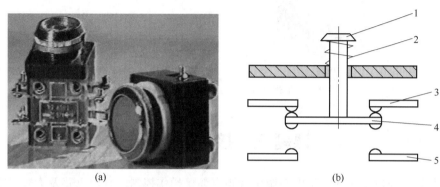

图 2-6　按钮开关的结构原理

1—按钮帽；2—复位弹簧；3—常闭静触头；4—桥式动触头；5—常开静触头

按钮开关选用应根据使用场合、用途、被控电路所需的触头数目和所需颜色来综合考虑。按钮开关的符号如图 2-7 所示。

(a) 常开按钮　　(b) 常闭按钮　　(c) 复合按钮

图 2-7　按钮开关的符号

二、行程开关

行程开关又称位置开关或限位开关，它的作用与按钮开关相同，只是其触头的动作不是靠手动操作，而是利用生产机械运动部件的碰撞使其触头动作，从而将机械信号转变为电信号，用以控制机械动作或用作程序控制。通常，行程开关被用来限制机械运动的位置或行程，使运动机械按一定的位置或行程实现自动停止、反向运动、变速运动或自动往返运动等。

为了适应各种条件下的碰撞，行程开关有很多结构形式，常用的有直动式（按钮式）和滚轮式（旋转式）。其中，滚轮式又有单滚轮式和双滚轮式两种。直动式（按钮式）行程开关的外形及结构、符号如图 2-8 所示。

行程开关的触头动作方式有蠕动型和瞬动型两种。蠕动型的触头与按钮相似，当挡铁移动速度低于 0.4m/min 时，触头切断太慢，易受电弧灼伤，从而缩短触头的使用寿命，也影响动作的可靠性及行程控制的位置精度。为了克服这些缺点，行程开关一般都采用具有快速切换动作机构的瞬动型触头。

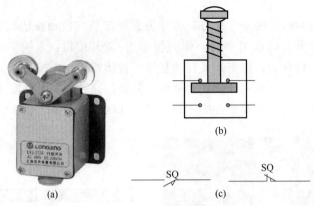

图 2-8 直动式行程开关的外形及结构、符号

课题三 接 触 器

接触器是一种适于在低压配电系统中远距离频繁操作控制交直流电路及大容量电路的自动制开关电器,主要用于控制交直流电动机、电热设备等。接触器按触头流过的电流分为直流接触器和交流接触器。下面主要介绍交流接触器。

一、交流接触器的结构

交流接触器主要由电磁系统、触头系统、灭弧装置及辅助部件等组成,其结构如图 2-9 所示。

笔记

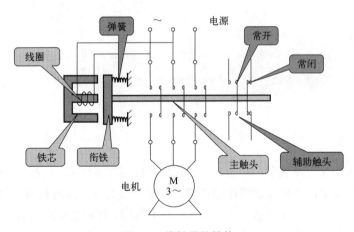

图 2-9 接触器的结构

二、交流接触器的工作原理

当电磁线圈接通电源时,线圈中流过的电流产生磁场,使静铁芯产生足够的吸力克服弹簧的反作用力,将动铁芯吸合,带动动铁芯上的触头动作,即常闭触头断开,常开触头闭合;当电磁线圈断电后,静铁芯吸力消失,动铁芯在反力弹簧的作用下复位,各触头也随之恢复常态。接触器在电路中的图形符号如图 2-10 所示。

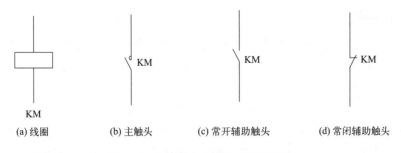

图 2-10 接触器在电路中的图形符号

三、接触器的选择

应根据控制线路的技术要求正确地选用接触器。

① 根据负载电流的种类选择接触器的类型。一般直流电路用直流接触器控制,当直流电动机和直流负载容量较小时,也可用交流接触器控制,但触头的额定电流应适当选择大些。

② 接触器的额定电压应大于或等于负载回路的额定电压,额定电流应大于或等于被控主回路的额定电流。

课题四　继　电　器

继电器是根据电流、电压、时间、温度和速度等信号的变化,来断开或接通小电流电路和电器的控制元件。常用的继电器有中间继电器、热继电器、时间继电器、速度继电器、电压继电器及电流继电器等。

一、中间继电器

中间继电器一般用来控制各种电磁线圈,使信号得到放大,或将信号同时传递给几个控制元件。常用的交流中间继电器有 JZ7 系列,直流中间继电器有 JZ12 系列。中间继电器的外形及符号如图 2-11 所示。

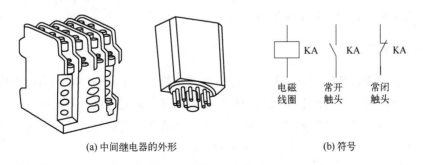

图 2-11　JZ7 系列中间继电器

中间继电器的结构原理与交流接触器基本相同,只是它的触头没有主辅之分,各对触头所允许通过的电流大小相同,其额定电流一般为 5A。

二、热继电器

热继电器是利用电流的热效应动作的继电器,主要用于电动机的过载保护、断相保护。常用的热继电器有 JR0、JR1、JR2 及 JR16 等系列。

1. 热继电器的结构及符号

热继电器主要由热元件、触头系统、温度补偿元件、复位按钮、电流整定装置及动作机构等部分组成,其结构原理及符号如图 2-12 所示。使用时,将热继电器的三相热元件分别串接在异步电动机的三相主电路中,常闭触头串接在控制电路的接触器线圈回路中。当电动机过载时,流过电阻丝的电流超过热继电器的整定电流值,使电阻丝发热过量,主双金属片受热弯曲,推动导板移动,通过温度补偿双金属片推动推杆绕轴转动,从而推动触头系统动作,动触头与静触头分开,使接触器线圈断电,触头断开,从而切断电动机的控制回路,实现过载保护。当电源切除后,主双金属片逐渐冷却恢复原位,于是动触头在失去作用力的情况下,靠自身弹簧自动复位,与静触头闭合。

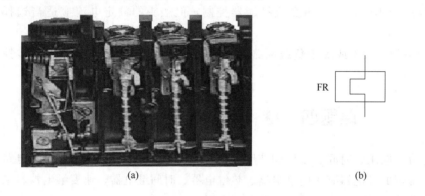

图 2-12 JR16 热继电器的结构原理及符号

2. 热继电器的选择

根据电动机的额定电流选择热继电器的规格,一般应使热继电器的额定电流略大于电动机的额定电流。根据电动机绕组的连接方式选择热继电器的结构形式,当电动机的定子绕组采用 Y 连接时,选用普通三相结构的热继电器,当电动机的定子绕组采用△连接时,必须采用三相结构带断相保护装置的热继电器。

三、时间继电器

时间继电器用于按照所需时间间隔接通或断开被控制的电路,以协调和控制生产机械的各种动作,因此是按整定时间长短进行动作的控制电器。时间继电器种类很多,按构成原理分为电磁式、电动式、空气阻尼式、晶体管式和数字式等。按延时方式分为通电延时型、断电延时型。下面仅介绍常用的空气阻尼式时间继电器。

JS7-A 空气阻尼式时间继电器是利用空气通过小孔节流的原理来获得延时的,由电磁机构、触头系统、气室及传动机构四部分组成。延时方式分为通电延时和断电延时两种。当衔铁位于铁芯和延时机构之间时为通电延时型;当铁芯位于衔铁和延时机构之间时为断电延时型。时间继电器在电路图中的符号如图 2-13 所示。

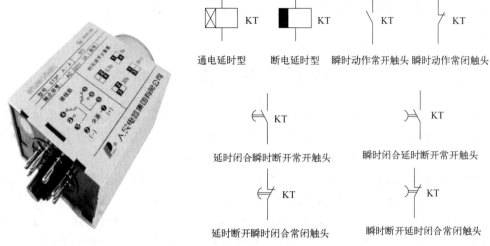

图 2-13　时间继电器在电路图中的符号

四、速度继电器

速度继电器是反映转速和转向的继电器，其作用是以速度的大小为信号与接触器配合，完成对电动机的反接制动控制，故又称反接制动继电器。常用的速度继电器有 JY1、JFZ0 型。

速度继电器的外形、结构及符号如图 2-14 所示。它是由定子、转子、可动支架、触头系统等部分组成。转子由永久磁铁制成，固定在转轴上；定子由硅钢片叠成并装有笼型短路绕组，能做小范围偏转；触头系统由两组转换触头组成，一组在转子正转时动作，一组在转子反转时动作。

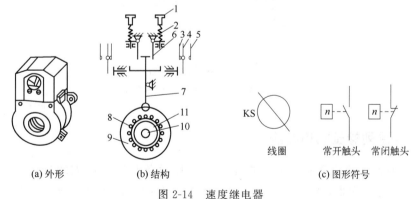

图 2-14　速度继电器

1—按钮；2—弹簧；3,5—静触头；4—动触头；6—簧片；7—摆杆；
8—绕组；9—定子；10—转轴；11—转子

速度继电器的转轴与被控电动机的转轴同轴相连，当电动机运行时，速度继电器的转子随电动机转子转动，永久磁铁形成旋转磁场，定子中的笼型导条切割磁力线而产生感应电动势，形成感应电流，在磁场的作用下产生电磁转矩，使定子随转子旋转方向偏转，但由于有返回杠杆挡住，故定子只能随转子方向转过一定角度。当定子偏转到一定的角度时，在摆杆的作用下使常闭触头打开，常开触头闭合。当被控电动机转速下降时，速度继电器转子转速也下降，使电磁转矩减小，当电磁转矩小于反作用弹簧的反作用力时，定子返回原位，速度继电器的触头也恢复原位。速度继电器的动作转速一般不低于 100～300r/min，复位转速在 100r/min 以下。

课题五　熔　断　器

熔断器使用时串联在被保护的电路中，当发生短路故障时，通过熔断器的电流达到或超过整定值，使其自身产生热量来熔断熔体，从而自动切断电路，起到保护作用。常用的熔断器有插入式、螺旋式、有填料封闭管式及无填料封闭管式等。

熔断器主要由熔体、熔管和熔座三部件组成。熔体是熔断器的主要组成部分，常做成丝状、片状、栅状。熔体的材料通常有两种：一种是由铅、铅锡合金等低熔点材料制成，多用于小电流电路；另一种是由银、铜等较高熔点材料制成，多用于大电流电路。熔管是熔体的保护外壳，用耐热绝缘材料制成，在熔体熔断时兼有灭弧作用。熔座是熔断器的底座，作用是固定熔管和外接引线。

一、RC1A 系列插入式熔断器

插入式熔断器主要用于 380V 三相电路和 220V 单相电路中作短路保护，其外形及结构如图 2-15 所示。插入式熔断器瓷座中部有一个空腔，与瓷盖的突起部分组成灭弧室。整定值在 60A 以上的在空腔内垫有编织石棉层，以加强灭弧功能。

笔记

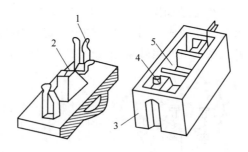

图 2-15　RC1A 系列插入式熔断器
1—动触头；2—瓷盖凸起部分；3—瓷底座；4—接线端子；5—静触头

二、RL1 系列螺旋式熔断器

螺旋式熔断器主要用于控制箱、配电屏、机床设备及振动较大的场合，在交流额定电压 500V、额定电流 200A 及以下的电路中作短路保护，其外形、结构及符号如图 2-16 所示。

螺旋式熔断器熔体内除装有熔丝外，还填充有灭弧用的石英砂。熔体上盖中心装有红色的熔断指示器，当熔丝熔断时，指示器在弹簧的作用下弹出，从瓷盖上的玻璃窗口可检查熔体是否完好。装接时，电源线应接在下接线柱，负载线应接在上接线柱，这样更换熔体时，旋出瓷质旋柄后螺纹上不会带电，保证了人身安全。它具有体积小、结构紧凑、熔断快、分断能力强、熔丝更换方便及熔丝熔断能自动指示等优点，在机床电路中广泛应用。

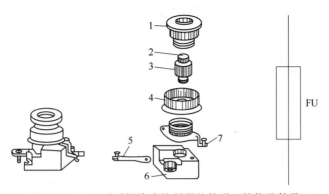

图 2-16　RL1 系列螺旋式熔断器的外形、结构及符号
1—瓷质旋柄；2—熔管；3—熔体；4—金属外螺管；5,7—带接线端子的金属螺管；6—基座

三、熔断器的选择

1. 熔断器类型的选择

根据使用环境和负载性质选择适当类型的熔断器。例如，RC1A 系列插入式熔断器可用于容量较小的照明电路；开关柜或配电屏可选 RM10 系列无填料封闭管式熔断器；在短路电流较大或有易燃气体的地方，应选用 RT0 系列有填料封闭管式熔断器；在机床控制线路中，多选用 RL1 系列螺旋式熔断器。

2. 熔体额定电流的选择

① 对于照明、电热等电流较平稳、无冲击电流的负载的短路保护，熔体的额定电流应等于或稍大于负载的额定电流。

② 对单台电动机的短路保护，熔体的额定电流 I_{RN} 应等于或稍大于（1.5～2.5 倍）负载的额定电流 I_N。

③ 对多台电动机的短路保护，熔体的额定电流 I_{RN} 应等于或稍大于其中最大容量电动机的额定电流 I_{Nmax} 的 1.5～2.5 倍加上其余电动机的额定电流的总和 ΣI_N。

3. 熔断器额定电流、电压的选择

熔断器的额定电压必须大于或等于熔断器所接电路的额定电压；熔断器的额定电流必须大于或等于所装熔体的额定电流。

课题六　电梯主要电气部件

国家标准 GB/T 7024—2008《电梯、自动扶梯、自动人行道术语》对电梯的定义为：服务于建筑物内若干特定的楼层，其轿厢运行在至少两列垂直于水平面或与铅垂线倾斜角小于 15°的刚性导轨运动的永久运输设备。

显然，电梯是一种间歇动作的、沿一定方向运行的、由电力驱动的、完成载人或运送货物任务的设备，在建筑设备中属于起重机械。在机场、车站、大型商厦等公共场所普遍使用的自动扶梯和自动人行道，按专业定义则属于一种在倾斜或水平方向上完成连续运输任务的输送机械，是电梯家族中的一个分支。目前，美、日、英、法等国家习惯于将电梯、自动扶梯和自动人行道都归为垂直运输设备。

电梯是机与电紧密结合的复杂产品，其基本组成包括机械部分与电气部分，根据电梯运

行过程中各组成部分所发挥的作用与实际功能,可以将电梯划分为八个相对独立的系统,表 2-1 列明了这八个系统的主要功能和组成。

表 2-1 电梯八个系统的主要功能及部件与装置

	功能	主要部件与装置
曳引系统	输出与传递动力,驱动电梯运行	曳引机、曳引钢丝绳、导向轮、反绳轮等
导向系统	限制轿厢和对重的活动自由度,使轿厢和对重只能沿着导轨做运动,承受安全钳工作时的制动力	轿厢(对重)导轨、导靴及其导轨架等
轿厢	用以装运并保护乘客或货物的组件,是电梯的工作部分	轿厢架和轿厢体
门系统	供乘客或货物进出轿厢时用,运行时必须关闭,保护乘客和货物的安全	轿厢门、层门、开关门系统及门附属零部件
重量平衡系统	相对平衡轿厢的重量,减少驱动功率,保证曳引力的产生,补偿电梯曳引钢丝绳和电缆长度变化带来的重量转移	对重装置和重量补偿装置
电力拖动系统	提供动力,对电梯运行速度实行控制	曳引电动机、供电系统、速度反馈装置、电动机调速装置等
电气控制系统	对电梯的运行进行操纵和控制	操纵箱、层站召唤盒、位置显示装置、控制柜、换速平层装置、限位开关装置等
安全保护系统	保证电梯安全使用,防止危及人身和设备安全的事故发生	机械保护系统:限速器、安全钳、缓冲器、端站保护装置等。 电气保护系统:超速保护装置、供电系统断相错相保护装置、超越上下极限工作位置的保护装置、层门锁与轿门电气联锁装置等

为了便于电梯的制造、安装、调试和维修,电梯制造厂的设计人员以便于制造、安装、维修保养、使用操作为出发点,将构成电梯电气控制系统的成千上万个电气元件分别组装到控制柜、操纵箱、轿顶检修箱等十多个部件中,以下对集中组装后的部分电气部件作简要介绍。

一、操纵箱

一般电梯的操纵箱安装于轿厢靠近门位置的轿壁板上,仅露出操纵箱面板,底盒藏在轿壁板后,因此深度不能太大。操纵箱过去有手柄开关形式的,但现在以按钮操作形式居多,常见的电梯操纵箱如图 2-17 所示。

操纵箱是集中安装的,供电梯司机、乘用人员、维护修理人员操作和控制电梯用的,查看电梯运行方向和轿厢所在位置的装置,是电梯的操作和控制平台。操纵箱的结构形式及所包含的电气元件种类和数量与电梯的控制方式、停站层数等有关。包含的电气元件包括以下几部分。

1. 电梯司机和乘用人员进行正常操作的器件

供电梯司机和乘用人员进行正常操作的器件安装在操纵箱面板上,包括对应各电梯停靠层站的轿厢内指令按钮、开门按钮、关门按钮、警铃按钮和对讲按钮,以及查看电梯运行方向和轿厢所在位置的显示器、对讲装置、蜂鸣器等。

其中,楼层位置显示器具有多样性,它可以是信号灯、七段数码管、点阵块、液晶显示器等。

2. 电梯司机和维修人员进行非正常操作的器件

供电梯司机和维修人员进行非正常操作的器件安装在操纵箱下方的暗盒内，设有专用钥匙，一般乘用人员不能打开使用。暗盒内装设的器件包括电梯运行状态控制开关（司机/自动选择、检修/正常选择）、轿厢内照明开关、轿厢内风扇开关、急停开关（红色）、检修状态下慢速上/下运行按钮、直驶按钮、专用开关等。

3. 厅外召唤信号记忆显示灯

这种设有厅外召唤信号记忆显示灯的操纵箱，适用于控制方式为轿厢内按钮控制的货梯。对于控制方式为信号控制和集选控制的电梯，由于其自动化程度高，具有自动寻找内外指令登记信号的功能，近年来采用的操纵箱一般均不装设厅外召唤信号记忆显示灯。

二、控制柜

控制柜是集中装配电梯控制系统中的过程管理和中间逻辑控制的电工、电子器件及相关器件的装置，是电梯控制系统的控制中心，是管理、控制电梯和分析判断电梯故障的平台。

控制柜由柜体和装设的电梯过程管理和中间逻辑控制器件组成。电梯的过程管理控制器件的种类、数量和规格，因电梯拖动方式、控制方式、额定载荷、额定运行速度、层站数等不同而异。一般柜内装设的电工、电子器件有继电器、接触器、熔断器、断路器、空气开关、整流器、变压器、PLC或专用微机、电抗器或变频器、RC保护器、开关电源、接线端子、急停按钮、紧急电动运行开关、检修（慢上和慢下）按钮等。常见的控制柜结构示意图如图2-18所示。

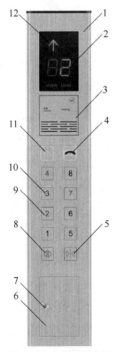

图2-17 电梯操纵箱

1—面板；2—楼层显示；3—铭牌；4—对讲按钮；
5—关门按钮；6—暗盒；7—暗盒锁；8—开门按钮；
9—已登记的轿厢内指令按钮；10—未登记的轿厢内指令按钮；11—警铃；12—运行方向指示

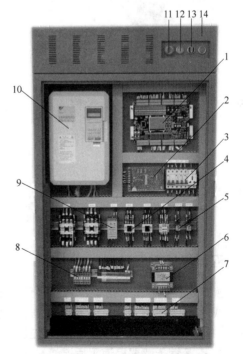

图2-18 电梯控制柜结构示意图

1—微机板；2—开关电源；3—断路器；4—接触器；
5—继电器；6—变压器；7—信号接线端子；8—动力电接线端子；9—相序继电器；10—变频器；11—急停按钮；12—检修按钮；13—紧急电动运行开关；14—柜体

三、层站召唤盒

层站召唤盒装设在各层站电梯层门旁，是供各层站电梯乘用人员召唤电梯、查看电梯运行方向和轿厢所在位置的装置。

各层站召唤盒上装设的器件因控制方式和层站不同而异。其中，控制方式为轿厢内外按钮控制的层站召唤盒均装设一个召唤按钮，基站召唤盒增设一个钥匙开关。其他控制方式的层站召唤盒则基本相同，都是中间层站均装设上、下两个按钮，两端站均装设一个按钮，各按钮内均装有指示灯或发红光/蓝光的发光管，基站召唤盒增设一个钥匙开关。召唤盒上装设的电梯运行方向和所在位置显示器与操纵箱相同。常见的层站召唤盒如图 2-19 所示。

四、轿顶检修箱

轿顶检修箱位于轿顶，一般安装在轿厢上梁或门机左右侧，以方便从轿顶出入。轿顶检修箱是为维修人员设置的电梯电气控制装置，以便维修人员点动控制电梯上、下运行，安全可靠地进行电梯维修作业。检修箱上装设的电气元件包括急停（红色）按钮、正常和检修运行转换开关、慢上/下按钮、电源插座、照明灯及控制开关。有些检修箱也装有开门和关门按钮、到站钟等。上述器件有时制造厂家将它们与轿顶接线箱合并为一体，有时将它们独立设置。独立设置的轿顶检修箱如图 2-20 所示。

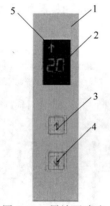

图 2-19　层站召唤盒

1—面板；2—楼层显示；3—上呼梯按钮；
4—下呼梯按钮；5—运行方向指示

笔记

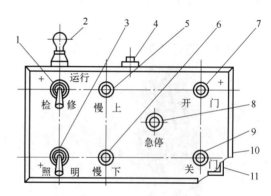

图 2-20　轿顶检修箱

1—运行检修转换开关；2—检修照明灯；3—检修照明灯开关；
4—电源插座；5—慢上按钮；6—慢下按钮；7—开门按钮；
8—急停按钮；9—关门按钮；10—面板；11—底盒

五、换速平层装置

换速平层装置是指当电梯将到达预定停靠站时，电梯电气控制系统依据装设在电梯井道内（或轿厢顶部及左右面）的机电设施提供的电信号，适时控制电梯按预定要求正常换（减）速、平层时自动停靠并开门的控制装置。常用的换速平层装置有以下三种。

1. 干簧管传感器换速平层装置

自 20 世纪 70 年代以来，干簧管传感器换速平层装置是国内生产的交直流电梯实现准备停靠站换速、平层时停靠并开门的常用控制装置。这种装置由装设在井道内轿厢导轨上的平层隔磁板及换速干簧管传感器和装设在轿厢架直梁上的换速隔磁板及平层干簧管传感器构成，如图 2-21 所示。

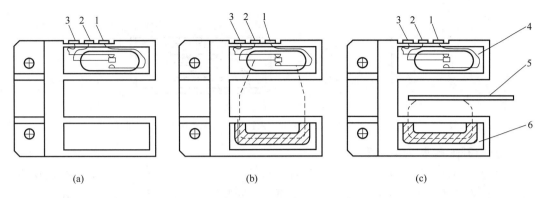

图 2-21 干簧管传感器与隔磁板

1,2—常开接点；2,3—常闭接点；4—干簧管传感器；5—隔磁板；6—永久磁铁

图 2-21（a）表示把干簧管传感器中的永久磁铁取出后，传感器另一侧的干簧管在没有磁场力作用的情况下，常闭接点 2 和 3 是接通的，常开接点 1 和 2 是断开的。图 2-21（b）表示把永久磁铁放回传感器内，传感器另一侧的干簧管在永久磁铁所建立的磁场的力的作用下，常闭接点 2 和 3 断开、常开接点 1 和 2 闭合的。图 2-21（c）表示把一块具有导磁功能的铁板放到干簧管和永久磁铁中间时，由于永久磁铁所产生的磁场的绝大部分通过铁板构成闭合磁回路，这时的干簧管又失去磁场力的作用而恢复图 2-21（a）的状态。电梯在正常运行过程中，电梯电气控制系统就是通过合理运用干簧管传感器与隔磁板之间的这种相互作用原理，实现按预先设定的要求控制电梯完成上下运送任务的。

2. 双稳态开关换速平层装置

双稳态开关换速平层装置是由双稳态磁性开关和与其配合使用的圆柱形永久磁铁及相应的装配机件构成的，如图 2-22 所示。这种装置广泛应用在 20 世纪 80 年代初生产的合资电梯中。该装置与干簧管传感器换速平层装置比较，具有电气线路敷设简便（井道内墙壁上不敷设相关控制线路），辅助机件轻巧等优点，因此在交流调压调速电梯上应用较为广泛。

双稳态开关的结构比干簧管传感器复杂。常见的双稳态开关的结构如图 2-23 所示。双稳态开关的作用过程也比干簧管传感器复杂，它对开关内两块并列摆放的方形磁铁所产生的磁场强度（强弱）和一致性要求均比较高，要求在没有外部磁场力作用的情况下，这两块方形磁铁的 N 极和 S 极构成的闭合磁场回路所产生磁场力，应恰好维持双稳态开关内的干簧管接点处于恒定断开或闭合状态。只有在电梯上下运行过程中，位于轿顶上的双稳态开关路过（相对中心距离不大于 10mm）位于井道的圆柱形永久磁铁时，圆柱形永久磁铁的 N 极或 S 极所产生的磁场与两块方形磁铁产生的磁场叠加，才有可能使双稳态开关内的干簧管接点的状态发生翻转。

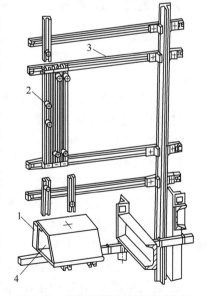

图 2-22 双稳态开关换速平层装置

1—双稳态开关；2—圆柱形永久磁铁；
3—圆柱形永久磁铁支架；
4—双稳态开关支架

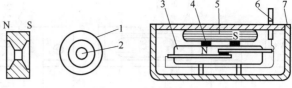

图 2-23 双稳态开关

1—外径；2—固定孔；3—干簧管；4—方形永久磁铁；5—定位弹性体；6—引出线；7—壳体

3. 光电开关减速平层装置

随着电梯拖动控制技术的进步，人们对电梯提出了更高的要求。近年来，不少电梯制造厂家和电梯安装改造维修企业采用反应速度更快、安装调整和配接线更简单、使用效果更好的光电开关和遮光板作为电梯换速平层装置。

采用固定在轿架上的光电开关和固定在轿厢导轨上的遮光板，可实现电梯上、下运行过程中的位置确认。光电开关路过遮光板时，遮光板隔断了光电开关的光发射电路与光接收电路之间的光联系，实现了按设定要求给电梯电气控制系统提供电梯轿厢位置的信号，再由控制系统的管理控制微机依据位于曳引机上的旋转编码器提供的脉冲信号，适时计算、适时控制电梯按预定要求换速、平层时停靠并开门，从而完成接送乘客的任务。实际使用过程中，电梯安装完后，进行快速试运行前，要做好必要的准备，操作电梯自下而上地运行一次，控制系统的微机系统就可将采集到的轿厢位置信号和旋转编码器提供的脉冲信号记忆并储存起来，作为井道楼层距离、换速距离的依据，从而控制电梯按预定要求运行。光电开关结构比较简单，调试也比较方便，外形如图 2-24 所示。

图 2-24 光电开关

六、端站换速和限位开关装置

为了确保乘用人员、电梯司机、电梯设备的安全，在电梯的上端站和下端站处，各设置了限制电梯运行区域的装置，称为限位开关装置。在国产电梯中，限位开关装置分为下列两种。

1. 适用于低速梯的限位开关装置

这种装置包括用角铁制成的、长约 3m 左右、固定在轿架上的开关打板，以及通过扁铁固定在导轨上的专用行程开关两部分构成，如图 2-25 所示。

除杂物电梯外，一般电梯的上端站和下端站均设置了两道限位开关。上、下端站的换速开关作为电梯到达端站楼面之前，提前一定距离强迫电梯将额定快速运行切换为平层停靠前慢速运行的装置。提前强迫换速点与端站楼面间的距离，与电梯额定运行速度有关，可按略大于换速传感器的换速点进行调整。限位开关作为当强迫开关失灵，或由于其他原因造成轿厢超越上下端站楼面一定距离时，切断电梯上下运行控制电路，强迫电梯立即停靠的装置。作用点与端站楼面的距离一般不得大于 100mm。

2. 直流快速梯和高速梯的端站强迫减速装置

这种装置应用于 20 世纪 80 年代以前生产的直流快速梯和高速梯中。该装置包括两副用角铁制成的、长约 5m 左右、分别固定在轿厢导轨上下端站处的开关打板，以及固定在轿顶上、具有多组动触点的特制开关装置两部分。开关装置部分如图 2-26 所示。

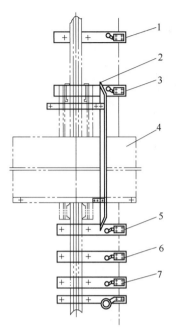
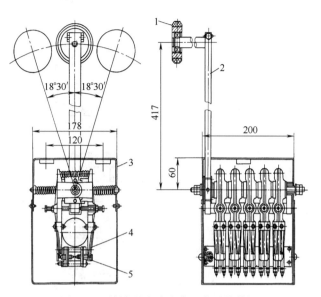

图 2-25 换速和限位开关装置

1—上行极限开关；2—开关打板；3—上行限位开关；4—轿厢；5—下行强迫换速开关；6—下行限位开关；7—下行极限开关

图 2-26 端站强迫减速装置的开关装置

1—橡皮滚轮；2—连杆；3—盒；4—动触点；5—定触点

七、极限开关保护装置

在 20 世纪 80 年代中期以前，极限开关用于交流双速电梯，作为当限位开关装置失灵，或由其他原因造成轿厢超越端站楼面 100~150mm 距离时，切断电梯主电源的安全装置。

极限开关由位于机房的经改制的铁壳开关，固定于轿厢导轨上的上下滚轮组，固定于轿架上的打板（和限位开关装置合用一个打板），以及连接铁壳开关和上下滚轮组的钢丝绳构成。电梯运行过程中，由于某种原因造成电梯轿厢超越端站楼面，达到极限开关的作用点时，位于轿架上的打板碰撞上或下滚轮组，上下滚轮组通过钢丝绳强行拉开铁壳开关，切断电梯的总电源，强迫电梯立即停靠。但该装置的结构比较复杂，开关的故障率比较高。

20 世纪 80 年代中期以后，国内不少厂家采用图 2-27 所示的形式，在井道两端站各装一个限位开关，由限位开关打板碰压，控制一个接触器，由接触器切断电梯总电源。目前，多将上、下极限开关与限位开关一起组成三级端站防越程保护装置，并将极限开关串接在安全回路中。

八、底坑检修箱

底坑检修箱位于井道底坑，一般安装在井道底坑侧壁易于接近的地方。底坑检修箱是为维修人员下井道底坑维修电梯时的安全而设置的电梯电气控制装置。底坑检修箱上装设的器件包括停止电梯运行的急停按钮、照明灯、接通/断开照明灯电路的控制开关、井道照明开关、插座等。常见的底坑检修箱如图 2-28 所示，实物见图 2-29 所示。

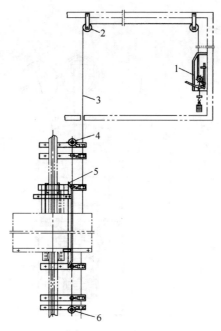

图 2-27 极限位置保护开关装置

1—铁壳开关；2—导向轮；3—钢丝绳；
4—上滚轮组；5—打板；6—下滚轮组

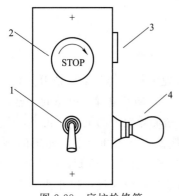

图 2-28 底坑检修箱

1—检修开关；2—急停按钮；3—电源插座；4—照明灯

图 2-29 底坑检修箱实物

九、机房电源箱

机房电源箱位于机房内方便的位置，作为动力和照明电源接入电梯的总控制台。它包括下列低压电器：一定负载容量的自动空气开关、断路器、漏电照明开关、电源插座、接地端子等。

机房电源箱作为电梯的总电源，当出现维修人员断电维修时，应有防止他人误送电的措施。机房电源箱外形图见图 2-30。

图 2-30 机房电源箱

思考与练习

1. 低压断路器与刀开关、组合开关有哪些不同？
2. 按钮开关和行程开关由哪几部分组成？
3. 交流接触器由哪几部分组成？
4. 热继电器由哪几部分组成？
5. 时间继电器由哪几部分组成？
6. 在使用隔离开关、负荷开关、负载开关的场合，其送电、停电的先后顺序有什么不同？
7. 在电动机的主电路中，已经安装了熔断器，为什么还要安装热继电器？它们各起什么作用？能否相互代替？
8. 请填写练习题表 2-1。

练习题表 2-1　低压电器的符号与作用

低压电器名称	图形	符号	作用
刀开关			
按钮开关			
行程开关			
交流接触器			
通电延时型时间继电器			
断电延时型时间继电器			
熔断器			
热继电器			

继电器－接触器控制电路分析

学习课题	课题一	三相异步电动机单向启动控制
	课题二	三相异步电动机的正反转控制
	课题三	三相异步电动机的顺序控制
	课题四	三相异步电动机的时间控制
	课题五	三相异步电动机的速度和行程控制
学习目标	知识	了解三相异步电动机的启动、正反转、顺序、时间、速度、行程控制的概念 掌握三相异步电动机的启动、正反转、顺序、时间、速度、行程控制电路的组成
	技能	正确分析三相异步电动机的启动、正反转、顺序、时间、速度、行程控制电路的工作原理
重点		三相异步电动机的正反转、行程控制及自锁与互锁分析
难点		三相异步电动机的顺序、时间控制电路分析

继电器-接触器控制技术是随着科学技术的发展和生产工艺不断提出新的要求而不断发展的，继电器-接触器控制系统至今仍是许多生产机械设备广泛采用的基本电气控制形式，它也是学习更先进的电气控制系统的基础。

用电动机拖动生产机械时，必须由相应的电气线路来控制电动机，以实现生产机械的功能。任何复杂的电气线路都是由一些基本控制电路所组成，所以，掌握基本控制电路的工作原理是分析继电器-接触器控制线路的运行及安装、检修的基础。

课题一 三相异步电动机单向启动控制

一、三相异步电动机的点动控制

点动控制就是按下按钮时因通电而使电动机转动，松开按钮时因断电而使电动机停转。点动控制常用于生产机械个别环节单独调整运行、生产机械设备试车等场景及只允许点动的机械设备，如起重机及电梯的维修等。点动正转控制电路如图3-1所示。

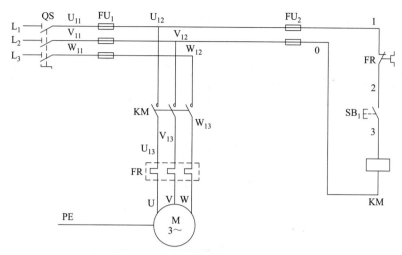

图 3-1 电路控制原理（点动正转）

1. 电路组成（控制原理图）

（1）主电路

控制原理图分为主电路和控制电路两部分，主电路是由电源开关 QS、熔断器 FU、接触器 KM 的主触头、热继电器 FR 的线圈和电动机 M 组成，这是电动机的工作电路。

（2）控制电路

控制电路是由按钮 SB_1、热继电器 FR 的常闭触头和接触器 KM 的线圈组成，用于控制主电路通或断。控制电路的电流较小，通常与主电路共用一个电源，也有少数特殊电路需专门电源供给控制电路。

在原理图中，同一电器的各部件，如接触器的吸引线圈、触头等可以分开画，但必须用同一文字符号（如 KM）。

2. 控制原理

点动控制电路的工作原理如下。

（1）启动

先合上电源开关 QS，然后按下按钮 SB_1，使接触器 KM 的吸引线圈得电、铁芯吸合，于是接触器 KM 的三个主触头闭合，电动机与电源接通而运转。

（2）停止

若松开按钮 SB_1，接触器 KM 的线圈失电，铁芯在弹簧力的作用下释放复位，三个主触头断开，电动机与电源断开，于是电动机停转。

（3）停用

停止使用控制电路时，须注意要断开电源开关 QS。

二、三相异步电动机的连续运转控制

1. 电路组成（控制原理图）

为使电动机保持连续运转，可采用图 3-2 所示的接触器自锁正转控制电路。

2. 控制原理

三相异步电动机的连续运转控制电路的工作原理如下。

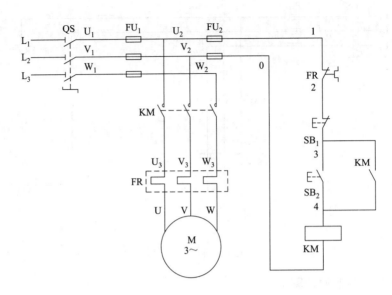

图 3-2　电路控制原理（连续运转）

（1）启动

先合上电源开关 QS，然后按下启动按钮 SB_2，使接触器 KM 的吸引线圈得电、铁芯吸合，于是接触器 KM 的三个主触头闭合，电动机与电源接通而运转，同时 KM 控制回路中的一个常开触头也闭合。

（2）自锁

如图 3-3 所示，当松开按钮 SB_2 后，因与启动按钮 SB_2 并联的接触器 KM 的常开触头闭合，控制电路仍保持接通，吸引线圈继续得电，铁芯继续吸合，于是接触器 KM 的三个主触头仍处于闭合状态，电动机与电源继续接通而运转。这种作用叫作（接触器）自锁。起自锁作用的常开触头称为自锁触头。

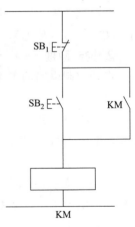

（3）停止

按下停止按钮 SB_1，使接触器 KM 的吸引线圈失电，铁芯在弹簧力的作用下释放复位，三个主触头断开，电动机与电源断开，于是电动机 M 停转。

当松开按钮 SB_1 后，因接触器 KM 的自锁触头处于打开状态，解除了自锁，启动按钮 SB_2 也是断开的，所以接触器 KM 不能得电，电动机 M 会保持停止状态。

图 3-3　自锁控制原理

（4）停用

如停止使用控制电路，须注意要断开电源开关 QS。

三、既可点动，又可连续运转的控制电路

如图 3-4 所示，按下启动按钮 SB，可实现三相异步电动机的点动控制；按下启动按钮 SB_2，可实现三相异步电动机的连续运转控制。

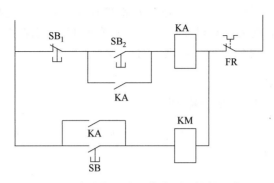

图 3-4 点动与连续运转兼顾的控制电路

四、三相异步电动机的两地控制

在实际生产过程中，为了操作方便，往往会出现一台生产机械有几个操作台，每个操作台都能正常操作生产设备。其中，能在两地或多地控制同一台电动机的控制方式叫电动机的多地控制。图 3-5 是三相异步电动机的两地控制电路原理，图 3-6 是其控制电路。启动按钮

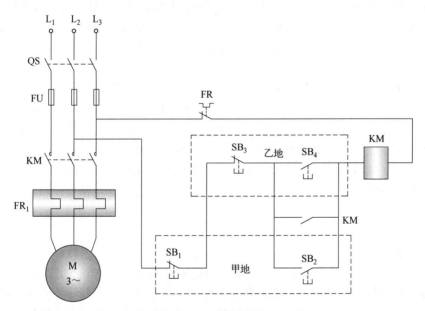

图 3-5 三相异步电动机的两地控制电路原理

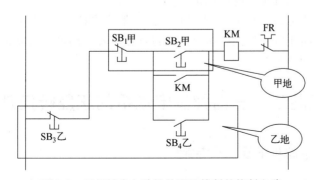

图 3-6 三相异步电动机的两地控制的控制电路

SB_2、SB_4 并联在一起，按下任一按钮，电动机都能连续运转。停止按钮 SB_1、SB_3 串联在一起，按下任一按钮，都能使电动机停止运行，这样就可以分别在甲、乙两地启动和停止同一台电动机，达到操作方便的目的。同理，对三地或多地控制，只要把各地的启动按钮并接、停止按钮串接就可以实现。

五、三相异步电动机的保护措施

继电器-接触器控制电路中，通常用保护装置对三相异步电动机进行短路保护，过载保护，失电压、欠电压保护。

1. 短路保护

短路保护由熔断器 FU 实现。短路时，FU 的熔体熔断，切断电源，对电动机起保护作用。熔断器的选择如前所述。

2. 过载保护

过载保护由热继电器 FR 实现。当负载过大，电源电压过低或发生一相断路故障时，电动机的电流都要增大，其值往往超过额定电流，经过一段时间，串联在主电路中的热继电器的热元件因受热发生弯曲，通过动作机构使串联在控制电路中的常闭触头分断，切断控制电路，接触器 KM 的线圈失电，主触头断开，电动机 M 失电停转，从而起到过载保护的目的。热继电器动作后，应检查并消除电动机过载的原因，待双金属片冷却后，用手指按下复位按钮，可使动触头复位，与静触头恢复接触。或者通过调节螺钉待双金属片冷却后，使动触头自动复位。

热继电器的整定电流指的是长期通过发热元件而不使其动作的最大电流。电流超过额定电流 20% 时，热继电器应在 20min 内动作，超过的数值越大，产生动作的时间越短。由于热继电器是间接受热而动作的，热惯性大，即使通过发热元件的电流短时间内超过了整定电流几倍，热继电器也不会立即动作，只有这样，在电动机启动时其才不会因启动电流大而误动作。由此可见，热继电器只能作过载保护而不能作短路保护，而熔断器对电动机只能作短路保护而不能作过载保护。在一个较完善的控制电路中，特别是对容量较大的电动机，两种保护都应具备。

3. 失电压、欠电压保护

失电压保护是指当电源停电时，使电动机与电源断开，以防止电源恢复供电时电动机自行启动。如图 3-6 所示，当停电时，接触器线圈的电磁吸力消失，使主触头断开，切断了电动机的电源，同时解除了自锁，当电源恢复正常时，必须按下启动按钮才能使电动机重新启动，这就是失电压保护。如果采用手动开关控制，有可能造成人身和设备事故。可见，自锁触头的另一个重要的功能就是失电压保护。

欠电压保护是指当电源电压降低过多时，接触器内电磁吸力不足，会切断电动机的电源，同时解除自锁，防止电动机因电压过低而过载或堵转，当电源恢复正常时，同样必须按下启动按钮才能使电动机重新启动。

课题二　三相异步电动机的正反转控制

一、三相异步电动机的正反转控制

许多生产机械往往要求运动部件能向正、反两个方向运动。如机床工作台的前进与后退，起重机吊钩的上升与下降,电梯轿厢的上升与下降,电梯轿门的打开与关闭等。由三相异步电动机工作原理可知,当改变通入电动机定子绕组的三相电源相序,即把与三相电源接线中的任意两相对调时,电动机就可以反转。

二、三相异步电动机的机械式互锁正反转控制

1. 电路组成

三相异步电动机的互锁正反转控制主电路如图 3-7 所示,三相异步电动机的机械式互锁正反转控制的控制电路如图 3-8 所示。为避免 KM_R 和 KM_F 同时得电动作,在正反转控制电路中分别串联了对方启动按钮的一个常闭触头,这样,当一个启动按钮闭合时,其常闭触头分断,使另一个接触器不能得电动作。

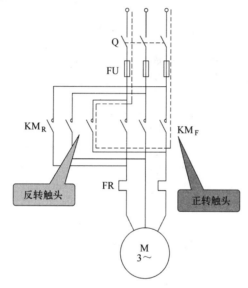

图 3-7 三相异步电动机的互锁正反转控制主电路

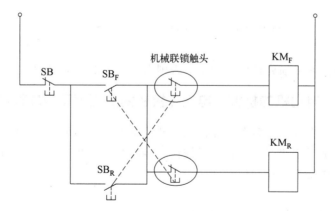

图 3-8 三相异步电动机的机械式互锁正反转控制的控制电路

2. 控制原理

按下 SB_F→KM_F 线圈通电→电动机开始正转;按下 SB→KM_F 线圈断电→电动机停止正转。

按下 SB_R→KM_R 线圈通电→电动机开始反转；按下 SB→KM_R 线圈断电→电动机停止反转。

缺点：改变转向时必须先按停止按钮，否则电动机不能反向启动。

三、三相异步电动机的电气（接触器）互锁正反转控制

1. 电路组成

三相异步电动机的电气（接触器）互锁正反转控制主电路同 3-7 所示，其控制电路如图 3-9 所示。为避免 KM_R 和 KM_F 同时得电动作，在正反转控制电路中分别串联了对方接触器的一个常闭触头，这样，当一个接触器得电动作时，通过其常闭辅助触头使另一个接触器不能得电动作。

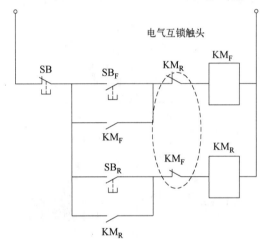

图 3-9 三相异步电动机的电气（接触器）互锁正反转控制的控制电路

2. 控制原理

按下 SB_F→KM_F 线圈通电→电动机开始正转；按下 SB→KM_F 线圈断电→电动机停止正转。

按下 SB_R→KM_R 线圈通电→电动机开始反转；按下 SB→KM_R 线圈断电→电动机停止反转。

缺点：改变转向时必须先按停止按钮，否则电动机不能反向启动。

四、三相异步电动机的机械、电气（接触器）互锁正反转控制

为了克服机械、电气（接触器）互锁正反转控制电路的不足，在接触器互锁正反转控制电路的基础上又增加了按钮联锁，构成了按钮、接触器双重联锁的正反转控制电路。该电路具有操作方便、工作安全可靠的优点。

1. 电路组成

三相异步电动机的机械、电气（接触器）互锁正反转控制主电路同 3-7 所示，其控制电路如图 3-10 所示。

2. 控制原理

先按下启动按钮 SB_F，使接触器 KM_F 的吸引线圈得电、铁芯吸合，KM_F 的三个主触头闭合，电动机与电源接通而运转。松开按钮 SB_F，KM_F 自锁，KM_F 的吸引线圈继续得电、铁芯

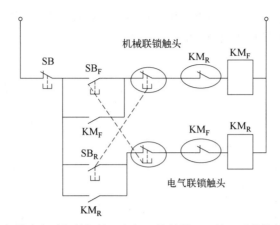

图 3-10　三相异步电动机的机械、电气（接触器）互锁正反转控制的控制电路

吸合，于是 KM_F 的三个主触头仍处于闭合状态，电动机继续正向运转。同时因启动按钮 SB_F 按下时接触器 KM_R 的线圈没得电，KM_R 的三个主触头不闭合，有效地防止了误操作。

再按下启动按钮 SB_R，使接触器 KM_R 的吸引线圈得电、铁芯吸合，KM_R 的三个主触头闭合，电动机与电源接通而反转。松开按钮 SB_R，KM_R 自锁，KM_R 的吸引线圈继续得电、铁芯吸合，于是 KM_R 的三个主触头仍处于闭合状态，电动机继续反向运转。同时因启动按钮 SB_R 按下时 KM_F 的线圈失电，KM_F 的三个主触头打开，有效地防止了电动机的误动作。

按下停止按钮 SB，接触器 KM_R 吸引线圈失电，铁芯在弹簧力的作用下释放复位，三个主触头断开，电动机与电源断开，于是电动机 M 停止反转。

课题三　三相异步电动机的顺序控制

在装有多台电动机的生产机械上，各电动机有时需按一定的顺序启动或停止，才能保证操作过程的合理和工作的安全可靠。例如，XA6132 型万能铣床上要求主轴电动机启动后，进给电动机才能启动。这种要求几台电动机的启动或停止必按一定的先后顺序来完成的控制方式叫作电动机的顺序控制。

一、主电路实现顺序控制

主电路实现顺序控制的电路如图 3-11 所示。该电路的特点是电动机 M_2 的主电路接在 KM_1 主触头的后面。电路中电动机 M_1、M_2 分别通过接触器 KM_1、KM_2 来控制，接触器 KM_2 的主触头接在 KM_1 主触头的后面，这样就保证了当 KM_1 主触头闭合，电动机 M_1 启动运转后，M_2 才能接通电源运转。

二、控制电路实现顺序控制

控制电路实现顺序控制的电路如图 3-12 所示。

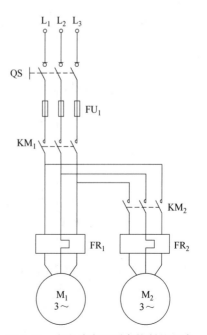

图 3-11　主电路实现顺序控制的电路

分析比较图 3-12（b）、(c)，不难看出，两电路虽都能实现顺序启动、同时停止的功能，但图 3-12（b）的先后顺序更为明显。

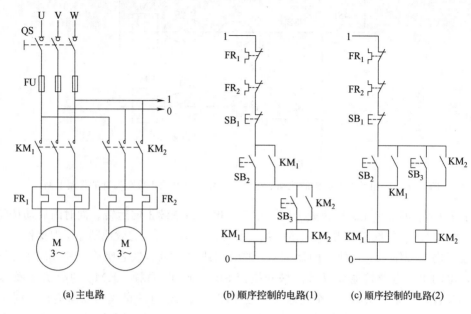

图 3-12　控制电路实现顺序控制的电路

在此基础上，我们还可以举一反三设计出其他控制顺序的控制电路。

三、顺序启动、逆序停车控制

顺序启动、逆序停车控制电路如图 3-13 所示。

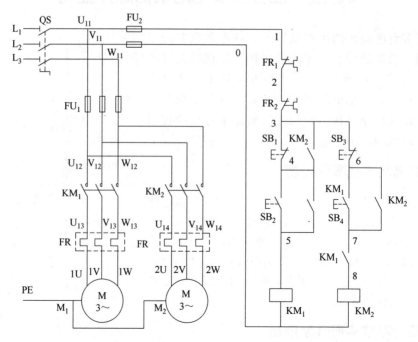

图 3-13　顺序启动、逆序停车控制电路

课题四　三相异步电动机的时间控制

一、星形-三角形降压启动控制电路

星形-三角形（Y-△）降压启动是指电动机启动时，把定子绕组接成星形，以降低启动电压，减小启动电流；待电动机启动后，再把定子绕组改接成三角形，使电动机全压运行。

1. 电路组成

常用的由时间继电器自动控制的 Y-△降压启动控制电路如图 3-14 所示。该电路由三个接触器、一个热继电器、一个时间继电器和两个按钮组成。时间继电器 KT 用作控制 Y 形降压启动和完成 Y-△的自动切换。

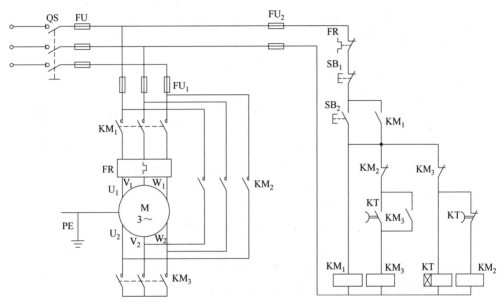

图 3-14　常用的由时间继电器自动控制的 Y-△降压启动控制电路

2. 控制原理

先合上电源开关 QS。然后按下启动按钮 SB_2，使接触器 KM_1、KM_2 的吸引线圈得电、铁芯吸合，于是接触器 KM_1 的三个主触头和自锁触头闭合，接触器 KM_2 的三个主触头同时闭合，电动机接成星形与电源接通而运转。同时，KT 线圈得电开始计时。经过整定时间后，KM_2 线圈失电，KM_3 线圈得电，即接触器 KM_2 主触头断开的同时，接触器 KM_3 的主触头闭合，实现了 Y-△的切换。电动机与电源继续接通而全压运转。同时，因接触器 KM_2 的一个常闭触头与接触器 KM_3 的一个常闭触头实现互锁，有效地防止了误操作。

按下停止按钮 SB_1，使接触器 KM_1 的吸引线圈失电，铁芯在弹簧力的作用下释放复位，KM_1 的三个主触头断开，电动机与电源断开，于是电动机 M 停转。

如停止使用控制电路，须注意要断开电源开关 QS。

二、自耦变压器降压启动

自耦变压器降压启动利用自耦变压器降低启动时加在电动机定子绕组上的电压，以达到

限制启动电流的目的。一旦启动完毕,自耦变压器便被切除,电动机进入全压运行状态。

1. 电路组成

时间继电器自动控制补偿器降压启动控制电路如图 3-15 所示。该电路由两个接触器、一个时间继电器、一个中间继电器和两个按钮组成。时间继电器 KT 和中间继电器 KA 用作控制接触器 KM_1、KM_2 的自动切换。

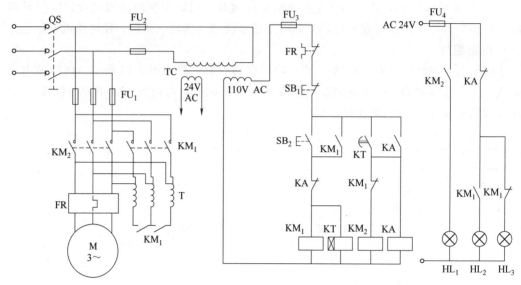

图 3-15 时间继电器自动控制补偿器降压启动控制电路

2. 控制原理

先合上电源开关 QS。然后按下 SB_2,使 KM_1、KT 的线圈得电,于是 KM_1 的三个主触头和自锁触头闭合,在电动机和电源之间接入自耦变压器,降压启动开始,同时 KT 开始计时。经过整定时间后,KM_1 线圈失电,KM_2 线圈得电,即 KM_2 主触头闭合,实现电动机与电源继续接通而全压启动运转。按下 SB_1,使 KM_2 的线圈失电,KM_2 的三个主触头断开,电动机与电源断开,于是电动机 M 停转。

为使启动过程可视,本电路还加了指示灯控制电路。

如停止使用控制电路,须注意要断开电源开关 QS。

三、三相异步电动机的能耗制动时间控制

能耗制动是电动机脱离三相交流电源后,立即给定子绕组的任意两相通入直流电源,迫使电动机迅速停转的制动方法。

1. 电路组成

能耗制动控制电路如图 3-16 所示。

2. 控制原理

先合上电源开关 QS。然后按下 SB_2,使 KM_1 的线圈得电,于是 KM_1 的三个主触头和自锁触头闭合,将电源接入电动机而启动。KM_1 的互锁触头保证 KM_2 线圈不会得电。

再按下 SB_1,使 KM_1 的线圈失电,KM_1 的三个主触头断开,电动机与三相电源断开。同时,KM_2 的线圈得电,将电动机接入直流电源,能耗制动开始。KT 线圈得电开始计时。

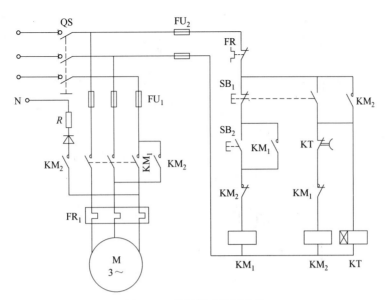

图 3-16 能耗制动控制电路

经过整定时间后，KM$_2$ 线圈失电，即 KM$_2$ 主触头打开，实现电动机与直流电源的断开，电动机 M 能耗制动完成。制动过程中，KM$_2$ 的互锁触头保证接触器 KM$_1$ 线圈不会得电，以防止误操作。

如停止使用控制电路，须注意要断开电源开关 QS。该电路采用单相半波整流器作为直流电源，所用附加设备较少，电路简单，成本低，常用于 10kW 以下小容量电动机且对制动要求不高的场合。

课题五　三相异步电动机的速度和行程控制

一、三相异步电动机的速度控制

1. 速度控制

在生产中，有时需要按电动机或生产机械转轴的转速变化来对电动机进行控制。例如，在电动机的反接制动中，要求电动机转速下降到接近零时，能及时将电源断开，以免电动机反方向转动。这类自动控制称为速度控制。

2. 电路组成

图 3-17 所示为笼型电动机单向直接启动反接制动控制电路。该电路的主电路和正反转控制电路的主电路相同，只是在反接制动时增加了 3 个限流电阻 R。电路中 KM$_1$ 为正转控制接触器，KM$_2$ 为反转控制接触器，KS 为速度继电器，其轴与电动机轴相连。

3. 控制原理

先合上刀 QS。然后按下正转启动按钮 SB$_2$，KM$_1$ 线圈通电并自锁，KM$_1$ 主触头闭合，电动机接入电源开始直接启动。需停车时，按下停止联动按钮 SB$_1$，由于此时电动机转子的惯性转速仍然很高，KS 仍闭合，则 KM$_1$ 线圈失电，KM$_1$ 三个主触头断开，而 KM$_2$ 线圈通电并自锁，使 KM$_2$ 三个主触头闭合，电动机反向接入电源开始反接制动。

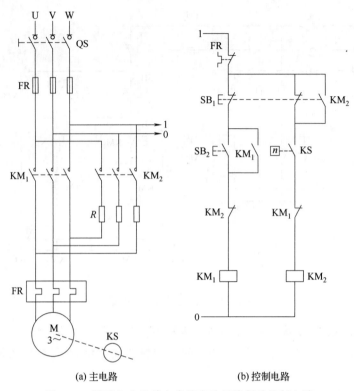

(a) 主电路　　　　　　　(b) 控制电路

图 3-17　笼型电动机单向直接启动反接制动控制电路

当电动机转速减小到整定数值后，速度继电器 KS 的常开触头打开，KM_2 线圈失电，KM_2 三个主触头断开，电动机断开电源，直到转速为零，反接制动完成。

二、三相异步电动机的自动往返行程控制

在生产过程中，有些生产机械运动部件的行程或位置要受到限制，或者需要其运动部件在一定范围内自动往返循环等。如万能铣床、摇臂钻床、镗床及各种自动或半自动控制设备中就经常有这种控制要求。位置控制或自动往返控制通常是利用行程开关控制电动机的得、失电或正反转来实现的。

1. 电路组成

图 3-18 所示为三相异步电动机自动往返行程控制原理，SQ_1、SQ_2 为行程开关，作为自动切换电动机的正反转控制电路的位置开关，按要求安装在机床床身固定的位置。SQ_3 和 SQ_4 分别用于对工作台进行往返极限控制。KM_1 为正转控制接触器，KM_2 为反转控制接触器。

2. 控制原理

先合上电源开关 QS。然后按下正向启动按钮 SB_2，接触器 KM_1 线圈通电并自锁，KM_1 主触头闭合，电动机接入电源开始正转。KM_1 常闭触头断开，互锁电路。电动机正向启动运行，带动工作台向前运动。

当运行到 SQ_1 位置时，挡块压下 SQ_1，接触器 KM_1 断电释放，KM_2 通电吸合，电动机反向启动运行，使工作台后退，工作台退到 SQ_2 位置时，挡块压下 SQ_2，KM_2 断电释放，KM_1 通电吸合，电动机又正向启动运行，工作台又向前进，如此一直循环下去，直到

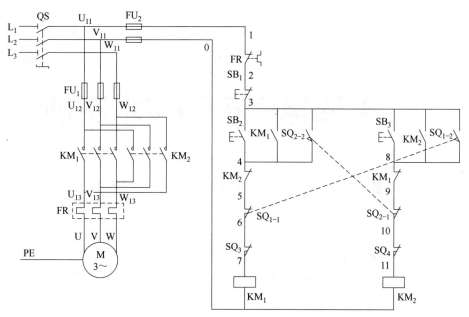

图 3-18 三相异步电动机自动往返行程控制原理

需要停止时按下 SB_1，KM_1 和 KM_2 线圈同时断电释放，电动机脱离电源停止转动。

同理，可分析按下反向启动按钮 SB_3 的往返工作原理。

思考与练习

1. 设计一台既能点动又能连续运转的电动机控制电路，要求设有短路和过载保护。

2. 按下列要求设计一个电路：M_1、M_2 可以分别启动和停止；M_1、M_2 可以同时启动和同时停止；一台电动机发生过载时，两台电动机能同时停止。

3. 按下列要求设计一个电路：M_1 启动后延时 30s，M_2 才能用按钮启动；M_2 启动后延时 20s，M_1 自动停止；再延时 10s，M_2 也相应自动停止。

4. 现要求三台笼型异步电动机 M_1、M_2、M_3 按一定顺序启动，即 M_1 启动后，M_2 才能启动，M_2 启动后，M_3 才能启动。试画出其控制电路。

5. 设计一个小车运行的控制电路。其要求如下：小车由原位开始前进，到终点后自动停止；在终端停留 2min 后自动返回原位停止；要求能在前进或后退途中的任意位置停止或启动。

单元四

电梯电气控制技术实训

一、三相异步电动机（电梯曳引电机）点动运行控制电路安装实训

1. 知识目标
① 学会用按钮、接触器等设计电动机点动控制电路。
② 学会由电气原理图变换成安装接线图的知识。
③ 掌握三相异步电动机点动和有过载保护的直接启动控制电路，并能正确安装。
④ 增强专业意识，培养良好的职业道德和职业习惯。

2. 技能目标
① 能正确设计、分析电路图，并按电路图接线。
② 能把点动电路改成长动电路。
③ 能正确安装和调试电动机的点动运行控制电路。
④ 能正确分析和排除在接线过程中出现的各类故障。

3. 实训器材
① 多功能电梯电气技能训练综合教学实训平台，如图 4-1 所示，1 套。

图 4-1 多功能电梯电气技能训练综合教学实训平台

② 万能安装板, 1套。
③ 万用表、熔断器、转换开关、交流接触器、热继电器、组合按钮等。

4. 实训步骤、内容及工艺要点

① 准备导线和电气元件, 检测所需元件质量的好坏。
② 在演练支架上按照电路图布置元件。
③ 按电路图连接线路。

点动控制电路接线电路图如图4-2所示。

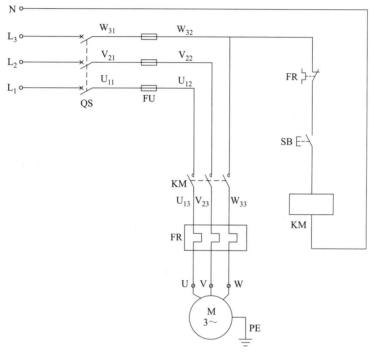

图 4-2 点动控制电路接线电路图

其工作原理如下：
① 启动：按下 SB 按钮→KM 线圈通电→KM 主触点闭合→电动机 M 启动。
② 停止：放开 SB 按钮→KM 线圈断电→KM 主触点断开→电动机 M 停转。

图 4-2 中 FR 用作过载保护。由于电动机过载或其他原因使电流超过额定值时, 热元件因电流过大而温度升高, 热继电器 FR 开始动作使控制电路断开, KM 线圈断电, KM 主触点断开, 切断主电路, M 停转, 从而起到过载保护作用。

5. 项目实施计划

项目实施计划见表 4-1。

表 4-1 项目实施计划

步骤	内容	计划时间	实际时间	完成情况
1	看懂电路图, 明确电路工作原理			
2	画出元件布置图			
3	画出接线图			
4	检查元件质量			

续表

步骤	内容	计划时间	实际时间	完成情况
5	按工艺要求安装主电路			
6	按工艺要求安装控制电路			
7	自检电路			
8	交验、通电试车			

6. 试车

(1) 试车前自检

① 用万用表 R×100 或 R×10 挡分别测量各相熔断器 FU 出线端（U_{12}、V_{22}、W_{32}）与电动机引出端（端子板上的 U、V、W）之间压下衔铁时的电阻。若为零，则表明主电路正常。

② 按下启动按钮 SB，测量控制电路 W_{32}-N 之间的电阻。电阻值约为 600Ω 时表示控制电路无短路；若为零，则表示短路；若为∞，则表示控制电路断路，此时可先检测 FR 常闭触点。

③ 压下接触器衔铁，测量控制电路 W_{32}-N 之间的电阻。电阻值约为 600Ω 时表示自锁正常；若为零，则表示短路；若为∞，则表示无自锁功能，检查 KM 常开触点及相关导线。

④ 同时按下启动和停止按钮，测量控制线路 W_{32}-N 之间电阻。电阻值若为∞，表示能停车。

(2) 试车过程

① 合上电源开关 QS，按下启动按钮 SB，观察接触器常开触头是否闭合，电动机是否运行。

② 松开按钮 SB，观察电动机是否能停止运行。

7. 实训评价

实训评价见表 4-2。

表 4-2 实训评价

评分项目	评分标准	自评	小组评	教师评	得分
元件安装质量（此项满分 30 分，扣完为止）	①元件选择不当，每件扣 1 分				
	②元件未经检查就装上，扣 5 分				
	③不按布置图安装元件，扣 15 分				
	④元件布局不合理，扣 5 分				
	⑤操作不方便，维修困难，每件扣 3 分				
	⑥元件安装不牢，每件扣 3 分				
	⑦安装时损坏元件，扣 15 分				
线路敷设质量（此项满分 30 分，扣完为止）	①不按原理图接线，扣 20 分				
	②线路敷设整齐、横平竖直、不交叉、不跨接。布线不符合要求，每根扣 3 分				
	③导线露铜过长、压绝缘层、绕向不正确，每处扣 2 分				
	④导线压接坚固、不伤线芯。接线松动、损伤导线绝缘或芯线，每根扣 2 分				
	⑤编码管齐全，每缺一处扣 0.5 分				
	⑥漏接接地线，扣 10 分				

续表

评分项目	评分标准	自评	小组评	教师评	得分
通电试车（此项满分 40 分，扣完为止）	①正确整定热继电器整定值，不会或未整定，扣 5 分				
	②正确选配熔芯，错配熔芯扣 5 分				
	③一次通电不成功，扣 10 分				
	④两次通电不成功，扣 20 分				
	⑤三次通电不成功，扣 40 分				
	⑥违反安全操作规程，扣 10～40 分				
考核时间	180 分钟，每超时 10 分钟扣 5 分				
考核日期		考核人签名			

二、三相异步电动机（电梯曳引电机）正反转控制实训

1. 知识目标
① 学习三相异步电动机正反转（电梯上行、下行）控制电路的连接和操作。
② 加深对电气控制的各种保护的了解，正确理解"互锁"环节的作用。
③ 掌握线路中各种故障的检查方法，并能准确地判断故障位置。
④ 学会安装用行程开关控制电动机做可逆运转的控制电路。
⑤ 为安装电动机拖动生产机械做往返运动的控制电路打下基础。
⑥ 增强专业意识，培养良好的职业道德和职业习惯。

2. 技能目标
① 能正确设计、分析电气互锁、双重互锁、自动往返电路图并按电路图接线。
② 掌握接线技巧和接线方法。
③ 会分析、排除正反转控制电路的故障。

3. 实训器材
① 多功能电梯电气技能训练综合教学实训平台，如图 4-1 所示，1 套。
② 万能安装板，如图 4-3 所示，1 套。
③ 万用表，1 块。
④ 熔断器、转换开关、交流接触器、热继电器、组合按钮等。

4. 实训步骤、内容及工艺要点
各种互锁电路的特点如下。
（1）接触器互锁
① 启动前，若指示不明确（同时按下正转和反转按钮），电动机仍能启动，但转向不定（与动作速度有关）。
② 运行中，若要改变转向，必须先按停止按钮，再按另一方向启动按钮，如图 4-4 所示。

优点：可靠。
缺点：操作不便。

笔记

图 4-3 万能安装板

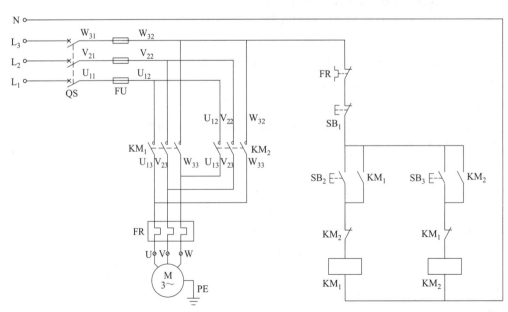

图 4-4 接触器互锁的正反转控制电路

(2) 按钮互锁

① 启动前,若指示不明确(同时按下正转和反转按钮),则电动机不能启动。

② 运行中,若要改变转向,可以不按停止按钮,直接按另一方向启动按钮。

优点:操作方便。

缺点:不够可靠。

5. 项目实施计划

项目实施计划见表 4-3。

表 4-3 项目实施计划

步骤	内容	计划时间	实际时间	完成情况
1	看懂电路图,明确电路工作原理			
2	画出元件布置图			
3	画出接线图			
4	检查元件质量			
5	按工艺要求安装主电路			
6	按工艺要求安装控制电路			
7	自检电路			
8	交验、通电试车			

6. 试车

(1) 试车前自检

① 用万用表 R×100 或 R×10 挡分别测量各相熔断器 FU 出线端(U_{12}、V_{22}、W_{32})与电动机引出端(端子板上的 U、V、W)之间电阻,分别压下 KM_1、KM_2 接触器衔铁。若电阻均为零,表明主电路通畅。同时按下两接触器衔铁,测量 U—V、V—W、W—U 的电阻,若有一次为零,表明正反转主电路换相正确。

② 分别按下正转按钮 SB_2 和反转按钮 SB_3,测量控制线路 W_{32}-N 之间电阻。电阻值若为 600Ω,表示控制电路无短路;若为零,则表示有短路;若为∞,则表示控制电路断路,此时应先检测 FR 常闭触点是否正常,再检查互锁触点 KM_2(KM_1)。

③ 分别压下接触器 KM_1、KM_2 衔铁,测量控制线路 W_{32}-N 之间电阻。电阻值若为 600Ω,表示各自锁正常;若为零,则表示短路;若为∞,则表示无自锁功能。

(2) 试车过程

① 按正向启动按钮 SB_2,观察并记录电动机的转向和接触器的运行情况。

② 按反向启动按钮 SB_3,观察并记录电动机的转向和接触器的运行情况。

③ 按停止按钮 SB_1,观察并记录电动机的转向和接触器的运行情况。

④ 再按反向启动按钮 SB_3,观察并记录电动机的转向和接触器的运行情况。

(3) 常见故障现象例

① 故障现象:按下 SB_2,电动机运转正常;按下 SB_3,电动机没反应。

若 KM_2 吸合,则故障点为主电路 KM_2 主触头及相关导线。

若 KM_2 不吸合,则故障点为控制电路 KM_1 常闭触头、KM_2 线圈、SB_3 常开触头、SB_2 常闭触头及相关导线,先检查 KM_1 常闭触头。

② 故障现象:按下 SB_2、SB_3,电动机没反应。

若 KM_1、KM_2 吸合,则故障点为主电路 KM_1、KM_2 主触头,FR 热元件,电动机及相关导线。

若 KM_1、KM_2 不吸合,则故障点为控制电路 FR 常闭触点、SB_1 及相关导线。

7. 实训评价

实训评价见表 4-4。

表 4-4 实训评价

评分项目	评分标准	自评	小组评	教师评	得分
元件安装质量(此项满分 30 分,扣完为止)	①元件选择不当,每件扣 1 分				
	②元件未经检查就装上,扣 5 分				
	③不按布置图安装元件,扣 15 分				
	④元件布局不合理,扣 5 分				
	⑤操作不方便,维修困难,每件扣 3 分				
	⑥元件安装不牢,每件扣 3 分				
	⑦安装时损坏元件,扣 15 分				
线路敷设质量(此项满分 30 分,扣完为止)	①不按原理图接线,扣 20 分				
	②线路敷设整齐、横平竖直、不交叉、不跨接。布线不符合要求,每根扣 3 分				
	③导线露铜过长、压绝缘层、绕向不正确,每处扣 2 分				
	④导线压接坚固、不伤线芯。接线松动、损伤导线绝缘或芯线,每根扣 2 分				
	⑤编码管齐全,每缺一处扣 0.5 分				
	⑥漏接接地线,扣 10 分				
通电试车(此项满分 40 分,扣完为止)	①正确整定热继电器整定值,不会或未整定,扣 5 分				
	②正确选配熔芯,错配熔芯扣 5 分				
	③一次通电不成功,扣 10 分				
	④两次通电不成功,扣 20 分				
	⑤三次通电不成功,扣 40 分				
	⑥违反安全操作规程,扣 10~40 分				
考核时间	180 分钟,每超时 10 分钟扣 5 分				
考核日期	考核人签名				

下 篇

电气施工技术基础

单元一

电气施工常用工具、仪表

学习课题	课题一	电气施工常用安装工具
	课题二	电气施工常用测量仪表
	课题三	导线连接及电量测量
学习目标	知识	电气施工常用工具的用途 电气施工常用仪表的用途 导线连接的方法 电量测量的方法
	技能	电气施工常用工具的使用 电气施工常用仪表的使用 导线的连接 电量的测量
重点		钳类和螺钉旋具等工具的使用方法 万用表的使用方法 导线的连接技巧
难点		兆欧表、钳形电流表的使用

课题一　电气施工常用安装工具

【课题背景】　在建筑电气安装工程施工中，施工人员会使用很多工具，能否正确使用工具关系到工程质量和施工安全。

一、电工工具

1. 钳类工具

钳类工具的共同特点是都有两个手柄，且手柄都是绝缘的，可以用于工作电压为500V的带电操作。

（1）钢丝钳

钢丝钳有铁柄和绝缘柄两种，绝缘柄的是电工钢丝钳，常用的规格有150mm、175mm和200mm三种。钢丝钳外形如图1-1所示。

① 电工钢丝钳的结构和用途。电工钢丝钳由钳头和钳柄两部分组成，钳头由钳口、齿口、刀口、铡口四部分组成。钳口用来弯绞或钳夹导线线头；齿口用来紧固或旋松螺母；刀口用来剪切导线或剖削软导线绝缘层；铡口用来铡切电线线芯、钢丝或铅丝等较硬金属。

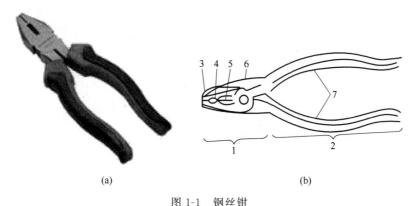

图 1-1　钢丝钳

1—钳头；2—钳柄；3—钳口；4—齿口；5—刀口；6—铡口；7—绝缘柄

② 使用电工钢丝钳的安全知识。使用电工钢丝钳之前，必须检查绝缘柄的绝缘是否完好。如果绝缘损坏，进行带电作业时会发生触电事故。用电工钢丝钳剪切带电导线时，不得用刀口同时剪切相线和零线，或同时剪切两根相线，以免发生短路事故。

（2）剥线钳

剥线钳是用于剥除 $6mm^2$ 及以下导线绝缘层的专用工具，由钳口和手柄两部分组成，如图 1-2 所示。

剥线钳的规格以全长表示，分为 140mm 和 180mm 两种，剥线钳的刀口有直径为 0.5～3mm 的切口，以适应不同规格芯线的剥削。

使用时，将剥削的绝缘长度用标尺定好后即可把导线放入相应的刃口中，用手握钳柄，导线的绝缘层即被割破而自动弹出。

剥线钳的特点是使用方便，工作效率高，绝缘层切口整齐，不易损伤内部导线。但使用时应注意，不同粗细的绝缘线在剥削时应放在相适应的钳口中，以免损伤导线。

（3）尖嘴钳

尖嘴钳的头部尖细，适于在狭小的工作空间操作，或带电操作低压电气设备，其外形如图 1-3 所示。

图 1-2　剥线钳

图 1-3　尖嘴钳

尖嘴钳的用途如下。

① 带有刃口的尖嘴钳能剪断细金属丝。

② 尖嘴钳能夹持较小的螺钉、垫圈和导线等。

③ 在安装控制电路时，用来弯制单股线芯的压接圈。

（4）剪线钳

剪线钳又称斜口钳。剪线钳是专供剪断较粗的金属丝、线材及电线、电缆等用。钳柄有铁柄、管柄和绝缘柄三种形式，其中电工用的绝缘柄剪线钳的外形如图1-4所示。

图1-4 剪线钳

2. 刀类工具

（1）螺钉旋具

螺钉旋具又称旋凿或起子，它是一种紧固或拆卸螺钉的工具。按握柄材料不同可分为木柄和塑料柄，按头部形状不同可分为一字形和十字形，如图1-5所示。

图1-5 螺钉旋具

一字形螺钉旋具常用的规格有50mm、100mm、150mm和200mm等，电工必备的是100mm和150mm两种。

十字形螺钉旋具用于紧固和拆卸十字槽的螺钉，常用的规格有4个，1号适用的螺钉直径为2～2.5mm，2号为3～5mm，3号为6～8mm，4号为10～12mm。

① 使用螺钉旋具的安全知识。

a. 电工不可使用金属杆直通柄末端的螺钉旋具，这种螺钉旋具使用时很容易造成触电事故。

b. 使用螺钉旋具紧固或拆卸带电的螺钉时，手不得触及螺钉旋具的金属杆，以免发生触电事故。

c. 为了避免螺钉旋具的金属杆触及皮肤或邻近带电体，应在金属杆上穿套绝缘管。

② 螺钉旋具的使用技巧（图1-6）。

a. 大螺钉旋具的使用技巧。大螺钉旋具一般用来紧固较大的螺钉。使用时，除大拇指、食指和中指夹住握柄外，手掌还要顶住柄的末端，这样就可防止螺钉旋具旋转时滑脱，用法如图1-6（a）所示。

b. 小螺钉旋具的使用技巧。小螺钉旋具一般用来紧固和拆卸电气装置接线端头上的小螺钉，使用时，可用大拇指和中指夹着握柄，用食指顶住柄的末端捻旋，如图1-6（b）所示。较长螺钉旋具在使用时，可用右手压紧并转动手柄，左手握住螺钉旋具，以使螺钉旋具不致滑脱，此时左手不得放在螺钉的周围，以免螺钉旋具滑出时将手划破。

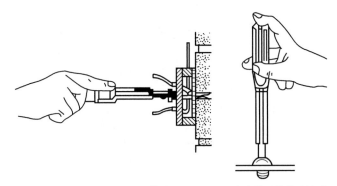

(a) 大螺钉旋具的使用技巧　　(b) 小螺钉旋具的使用技巧

图 1-6　螺丝刀的使用技巧

（2）电工刀

电工刀是一种剥削和切割电工器材的常用工具，用于电工切割导线绝缘层、削制木榫、切割木台缺口等。电工刀有普通、两用和多用三种。

① 电工刀的使用方法。使用电工刀时应注意正确的操作方法。剥导线绝缘层时，刀口朝外45°倾斜推削，用力要适当，不可操作到导线金属体。电工刀的刀口应在单面上磨出呈圆弧状的刃口。在剖削导线的绝缘层时，必须使圆弧状刀面贴在导线上进行切割，这样刀口不易操作到线芯。

② 使用电工刀的安全注意事项。使用电工刀时要避免伤手；电工刀使用完毕，将刀身收进刀柄；电工刀柄是无绝缘保护的，不能带电操作，有绝缘保护的新式电工刀也应注意操作安全，防止触电。

3. 验电器

验电器是检验导线和电气设备是否带电的电工常用工具，按电压不同可分为低压和高压，按结构可分为氖管发光式和液晶显示式，按形状可分为笔形和螺钉旋具形。

（1）低压验电笔

低压验电笔又称测电笔（简称电笔）。低压验电笔如图 1-7 所示。液晶显示式验电笔如图 1-8 所示，可以用来测试交流电或直流电的电压，测试的范围是 12V、36V、55V、110V 和 220V。

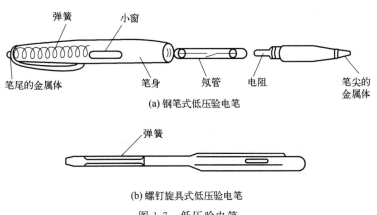

(a) 钢笔式低压验电笔

(b) 螺钉旋具式低压验电笔

图 1-7　低压验电笔

发光式低压验电笔如图 1-9 所示，其检测电压的范围为 60～500V。使用时，必须按照

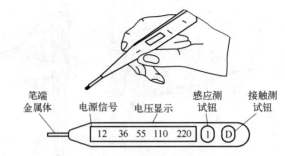

图 1-8　液晶显示式验电笔

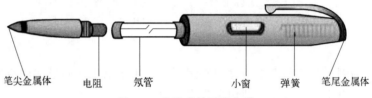

图 1-9　发光式低压验电笔

如图 1-10 所示的正确方法握笔。以手指触及笔尾的金属体，使氖管小窗背光朝向自己。当用验电笔测试带电体时，电流经带电体、笔体、人体到大地形成通电回路，只要带电体与大地之间的电压差超过 60V，验电笔中的氖管就发光。

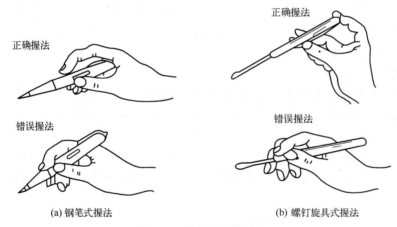

图 1-10　低压验电笔握法

（2）高压验电器

高压验电器又称高压测电器。10kV 高压验电器由金属钩、氖管、氖管窗、固定螺钉、护环和握柄等构成，如图 1-11 所示。

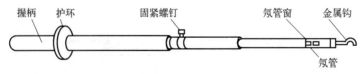

图 1-11　高压验电器

高压验电器在使用时，应特别注意手握部位不得超过护环，如图 1-12 所示。

（3）使用验电器的注意事项

验电器在使用前应在电源处测试，证明验电器确实良好方能使用。使用发光式低压验电笔时，应使验电笔逐渐靠近被测物体，直至氖管发光，只有在氖管不亮时，它才可与被测物体直接接触。室外使用高压验电器时，必须在气候条件良好的情况下使用，在雪、雨、雾及温度较高的情况下不宜使用，以防发生危险。测试高压验电器时必须戴上符合耐压要求的绝缘手套；不可一个人单独测试，身旁要有人监护；测试时要防止发生相间或对地短路事故；人体与带电体应保持足够的安全距离，10kV 高压的安全距离为 0.7m 以上；应半年做一次预防性试验。

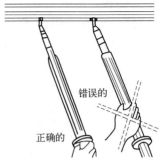

图 1-12　高压验电器握法

二、钳工工具

1. 锯割工具

常用的锯割工具是手锯，手锯由锯弓和锯条组成，如图 1-13 所示。

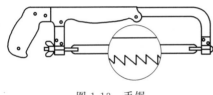

图 1-13　手锯

（1）锯弓

锯弓用来张紧锯条，分为固定式和可调式两种。常用的是可调式。

（2）锯条

锯条根据锯齿的牙距大小，分为粗齿、中齿和细齿三种，常用的长度规格是 300mm。锯条应根据所锯材料的软硬、厚薄来选择。粗齿锯条适宜锯割软材料或锯缝长的工件，细齿锯条适宜锯割硬材料、管子、薄板料及角铁。

安装锯条时，可按加工需要将锯条装成直向的或横向的，且锯齿的齿尖方向要向前，不能反装。锯条的绷紧程度要适当，若过紧，锯条会因受力而失去弹性，锯割时稍有弯曲，就会崩断；若过松，锯割时容易弯曲而折断，而且锯缝易歪斜。

2. 台虎钳

台虎钳又称台钳，如图 1-14 所示。台虎钳是用来夹持工件的夹具，分为固定式和回转式两种。台虎钳的规格以钳口的宽度表示，分为 100mm、125mm 和 150mm 等。在安装台虎钳时，必须使固定钳身的工作面处于钳台边缘以外，钳台的高度为 800～900mm。

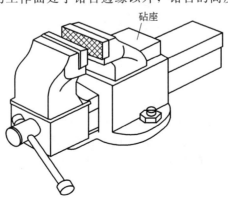

图 1-14　台虎钳

3. 手锤、凿子

凿削工具如图 1-15 所示。图 1-15（a）所示为钳工常用的敲击工具——手锤，常用的规格有 0.25kg、0.5kg、1kg 等。锤柄长 300～350mm。为防止锤头脱落，在顶端打入有倒刺的斜楔铁 1～2 个。

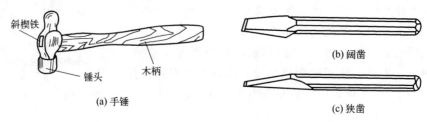

图 1-15 凿削工具

凿子又称錾子，是凿削的切削工具。它是用工具钢锻打成形后进行刃磨，并经淬火和回火处理而制成的。常用的凿子有阔（扁）凿和狭凿两种，如图 1-15（b）、（c）所示。凿削时，凿子的刃口要根据加工材料性质的不同，选用合适的几何角度。

4. 活络扳手

（1）活络扳手的结构和规格

活络扳手又称活络扳头，是用来紧固和拧松螺母的专用工具。它由头部和柄部两部分组成，头部由活络扳唇、呆扳唇、扳口、蜗轮和轴销等构成，如图 1-16 所示。

旋转蜗轮可调节扳口的大小，规格以"长度×最大开口宽度"（单位为 mm）来表示，电工常用的活络扳手有 150mm×19mm（6in）、200mm×24mm（8in）、250mm×30mm（10in）和 300mm×36mm（12in）四种。

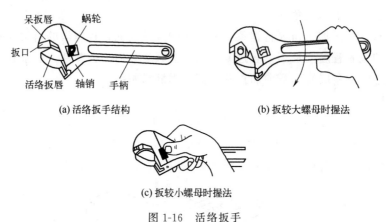

图 1-16 活络扳手

（2）活络扳手的使用方法

① 使用时应注意将扳唇紧压螺母的平面。

② 扳动小螺母时，需用力矩不大，但螺母过小易打滑，故手应握在接近头部的地方。

③ 扳动较大螺母时，需要力矩较大，手应握在近柄尾处。

④ 活络扳手不可反用，以免损坏活络扳唇，也不可用钢管接长手柄来施加较大的扳拧力矩。活络扳手不可当作撬杠或手锤使用。

5. 电工用凿

电工常用凿有圆榫凿、小扁凿、长凿等，如图 1-17 所示。

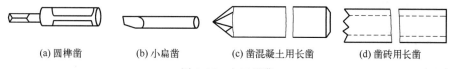

(a) 圆榫凿　　(b) 小扁凿　　(c) 凿混凝土用长凿　　(d) 凿砖用长凿

图 1-17　电工用凿

（1）圆榫凿

圆榫凿也称麻线凿，用于在混凝土结构的建筑物上凿打木榫孔。电工常用的圆榫凿有 16 号和 18 号两种，16 号可凿直径约 8mm 的木榫孔，18 号可凿直径约 6mm 的木榫孔。凿孔时，要用左手握住圆榫凿，并要不断地转动凿子，使灰沙碎石及时排出。

（2）小扁凿

小扁凿用来凿打砖墙上的方形木榫孔。电工常用的是凿口宽约 12mm 的小扁凿。

（3）长凿

长凿是用来凿打穿墙孔的。用来凿打混凝土穿墙孔的长凿由中碳圆钢制成。用来凿打砖穿墙孔的长凿由无缝钢管制成。长凿直径分为 19mm、25mm 和 30mm 三种，长度通常有 300mm、400mm 和 500mm 等多种。使用时应不断旋转，及时排出碎屑。

6. 压接钳

压接钳是制作大截面导线接线鼻子的压接工具（图 1-18），分为手动冷压接钳、手动液压压接钳等。图 1-18（a）所示为手动冷压接钳，图 1-18（b）所示为手动液压压接钳。

压接钳的使用方法：用压接钳对导线进行冷压接时，应先将导线表面的绝缘层及油污清除干净，然后将两根需要压接的导线头对准中心，在同一轴上，用手扳动压接钳的手柄压 2~3 次。铝-铜接头压 3~4 次。

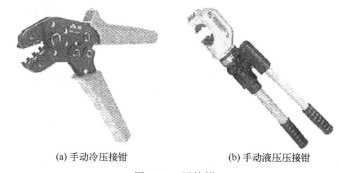

(a) 手动冷压接钳　　(b) 手动液压压接钳

图 1-18　压接钳

7. 锉刀

锉刀的一般结构如图 1-19 所示。

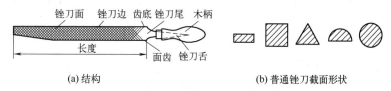

(a) 结构　　(b) 普通锉刀截面形状

图 1-19　锉刀

锉削软金属用单齿纹，此外都用双齿纹。双齿纹又分粗、中、细等各种齿纹。粗齿锉刀一般用于锉削软金属材料，加工余量大或精度、表面粗糙度要求不高的工件；细齿锉刀则用于与粗齿锉刀相反的场合。

三、其他用具

1. 手电钻

图 1-20 手电钻及钻头

一般工件也可用电钻钻孔。电钻有手枪式和手提式两种，手提式即手电钻，如图 1-20 所示，通常采用 220V 或 36V 的交流电源。为保证安全，使用电源电压为 220V 的手电钻时，应戴绝缘手套。在潮湿的环境中应采用电源电压为 36V 的手电钻。钻头直径 13mm 以下的一般都制成直柄式，直径 13mm 以上的一般都制成锥柄式。

2. 冲击电钻和电锤

冲击电钻、电锤及钻头如图 1-21 所示，其中，冲击电钻如图 1-21（a）所示，是一种旋转带冲击的电钻，一般制成可调式结构。冲击电钻使用注意事项如下。

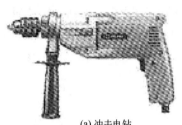 

(a) 冲击电钻　　　　　　　　　(b) 电锤及钻头

图 1-21　冲击电钻、电锤及钻头

① 使用前检查电源线接头是否良好，有无接地装置，外壳手柄有无裂纹或破损。

② 通电后，应使冲击电钻空钻 1min，以检查传动部分和冲击部分转动是否灵活。

③ 机具不可弄湿，不得在潮湿环境中操作，机具把柄要保持清洁干燥，以便两手能握牢。

④ 若是多用途冲击电钻或电锤［图 1-21（b）］，应根据工作要求，调整机具的工作方式，选择合适的工作位置。

⑤ 不熟悉机具的人员不准擅自使用，只允许单人操作。作业时，需要戴防护眼镜。登高使用机具时，应做好防止感应触电坠落的安全措施。

⑥ 遇到坚硬物体时，不要施加过大压力；出现卡钻时，要立即关掉开关，严禁带电硬拉、硬压和用力扳扭，以免发生事故。

3. 射钉枪

射钉枪是利用枪管内弹药爆发时的推力，将螺钉（射钉）射入钢板或混凝土构件中，以安装或固定各种电气设备、仪表、电线、电缆及水电管道，如图 1-22 所示。

射钉枪使用注意事项如下。

图 1-22　射钉枪

① 根据构件的性能和不同的使用要求选择相应的射钉，并根据射钉的直径大小选择枪管。

② 使用前，要熟悉射钉枪的结构原理与安全常识，操作前要对射钉枪进行检查，然后再按说明书进行操作。

③ 操作时，操作者要站稳，佩戴护目镜；高空作业时，还要系好安全带；作业面背后不得站人，以防发生事故。

④ 发射时，射钉枪的护罩必须垂直压紧在射击平面上，严禁在凹凸不平的表面上射钉。如果第一枪未能射入，严禁在原位补射第二枪，以防射钉蹿出发生事故。

⑤ 被射构件的厚度应大于 2.5 倍射钉长度，对厚度不超过 100mm 的混凝土结构不准射钉。不准在空心砖上或多孔砖上施射。

⑥ 射钉与混凝土构件边缘距离不应小于 100mm，以免构件受振碎裂。

⑦ 射钉枪应指派专人保管。

课题二　电气施工常用测量仪表

【课题背景】　在电工作业中，为了判断电气设备是否有故障和运行情况是否正常，除在实践中凭借经验进行观察分析外，还经常需要借助仪表进行测量，以提供电压、电流、电阻等参数来进行判断。便携式万用表、兆欧表和钳形电流表（俗称电工三表）是不可缺少的测量工具。正确使用电工仪表不仅是技术上的要求，而且对人身安全也是非常重要的。

一、万用表

万用表能测量直流电流、直流电压、交流电压和电阻等，有的还可以测量功率、电感和电容等，是最常用的电工仪表之一。

1. 指针式万用表

（1）指针式万用表的结构及外形

指针式万用表主要由指示部分、测量电路和转换装置三部分组成。指示部分通常为磁电式微安表，俗称表头；测量部分把被测的电量转换为符合表头要求的微小直流电流，通常包括分流电路、分压电路和整流电路；不同种类电量的测量及量程的选择是通过转换装置来实现的。指针式万用表的外形如图 1-23 所示。

（2）指针式万用表的使用方法

端钮（或插孔）选择要正确：红色表笔的连接线要接到红色端钮上（或标有"＋"号的插孔内），黑色表笔的连接线应接到黑色端钮上（或接到标有"－"号的插孔内）。

转换开关位置的选择要正确：根据测量对象将转换开关转到需要的位置上。例如，测量电流时应将转换开关转到相应的电流挡，测量电压时转到相应的电压挡。有的指针式万用表面板上有两个转换开关，一个用来选择测量种类，另一个用来选择测量量程，使用时应先选择测量种类，然后选择测量量程。

量程选择要合适：根据被测量的大致范围，将转换开关转至该被测量的适当量程上，这样读数较为准确。测量电压或电流时，最好使指针在量程的（1/2）～（2/3）范围内。

正确进行读数：在指针式万用表的标度盘上有很多标度尺，它们分别适用于不同的被测对象，因此，测量时在对应的标度尺上读数的同时，还应注意标度尺读数和量程挡的配合，

图 1-23　指针式万用表外形

以避免差错。

欧姆挡的正确使用：测量电阻时，应选择合适的倍率挡，倍率挡的选择应以使指针停留在刻度线较稀的部分为宜。指针越接近标度尺的中间，则读数越准确；越向左刻度线靠近，读数的准确度则越差。

测量电阻前，应将万用表调零，即将两支表笔碰在一起，同时转动"调零旋钮"，使指针刚好指在欧姆标度尺的零位上，这一步骤称为欧姆挡调零。每换一次欧姆挡，测量电阻之前都要重复这一步骤，从而保证测量的准确性。如果指针不能调到零位，说明电池电压不足，需要更换。

不能带电测量电阻。因为指针式万用表是由电池供电的，所以被测电阻绝不能带电，以免损坏表头。在使用欧姆挡测量间隙中，不要让两支表笔短接，以免浪费电池电量。

（3）指针式万用表的操作注意事项

在使用指针式万用表时要注意，手不可触及表笔的金属部分，以保证安全和测量的准确度。在测量较高电压或较大电流时，不能带电转动转换开关，否则有可能烧坏开关。指针式万用表用完后，最好将转换开关转到交流电压最高量程挡，此挡对万用表最安全，以防下次测量时因疏忽而损坏万用表。在表笔接触被测电路前应再做一次全面检查，看一看各部分是否有问题。

2. 数字式万用表

数字式测量仪表已成为主流，它有取代模拟式仪表的趋势。与模拟式仪表相比，数字式仪表的灵敏度和准确度高，显示清晰，过载能力强，便于携带，使用更简单。数字式万用表外形如图 1-24 所示。

（1）数字式万用表的使用方法

数字式万用表使用前，应认真阅读有关使用说明书，熟悉电源开关、量程开关、插孔、特殊插口的作用。然后将电源开关置于 ON 位置。测量交直流电压时，根据需要将量程开关拨至 DCV（直流）或 ACV（交流）的合适位置，将红表笔插入 V/Ω 孔、黑表笔插入 COM 孔，并将表笔与被测线路并联，显示读数即被测电压值。测量交直流电流时，将量程开关拨至 DCA（直流）或 ACA（交流）的合适位置，红表笔插入 mA 孔（小于 200mA 时）或 10A 孔（大于 200mA 时），黑表笔插入 COM 孔，并将万用表串联在被测电路中。测量直流量时，数字式万用表能自动显示极性。测量电阻时，将量程开关拨至 Ω 挡的合适量程，红表笔插入 V/Ω 孔，黑表笔插入 COM 孔。如果被测电阻值超出所选择量程的最大值，万用表将显示"1"，这时应选择更高的量程。测量电阻时，红表笔为正极，黑表笔为负极，这与指针式万用表正好相反，因此，测量晶体管、电解电容器等有极性的元器件时，必须注意表笔的极性。

（2）数字式万用表的操作注意事项

图 1-24　数字式万用表外形

如果无法预先估计被测电压或电流的大小，则应先拨至最高量程挡测量一次，再视情况逐渐减小到合适量程。测量完毕，应将量程开关拨到最高电压挡，并关闭电源。满量程时，仪表仅在最高位显示数字"1"，其他位均消失，这时应选择更高的量程。测量电压时，应将数字式万用表与被测电路并联。测量电流时，应将数字式万用表与被测电路串联，测量直流量时不必考虑正、负极性。当误用交流电压挡去测量直流电压或误用直流电压挡去测量交流电压时，显示屏将显示"000"，或低位上的数字出现跳动。禁止在测量高电压（220V 以上）或大电流（0.5A 以上）时转换量程，以防止产生电弧而烧坏开关触点。当显示"-""BATT"或"LOW BAT"时，表示电池电压低于工作电压。

二、兆欧表

兆欧表又称高阻表，也称摇表，用于测量大电阻值，是绝缘电阻的直读式仪表。它是专门用于检查和测量电气设备和供电线路的绝缘电阻的便携式仪表，如图 1-25 所示。

1. 兆欧表的选用方法

选择兆欧表要根据所测量的电气设备的电压等级和测量的绝缘电阻的数值范围而定。选用的额定电压一定要与被测电气设备或电气设备线路的工作电压相对应。

测量额定电压在 500V 以下的电气设备时，宜选用 500V 或 1000V 的兆欧表。测量高压电气设备或电缆时，可选用 1000～2500V 的兆欧表。

2. 兆欧表使用前的检查

首先将被测的设备断开电源，并进行 2～3min 放

图 1-25　兆欧表

电，以保证人身和设备的安全。这一要求对具有电容的高压设备尤其重要，否则绝不能进行测量。

兆欧表测量之前应做一次短路和开路试验。如果兆欧表表笔"地（E）""线（L）"处于断开的状态，转动摇把，观察指针是否指在"∞"处，再将兆欧表表笔"地（E）""线（L）"两端短接起来，缓慢转动摇把，观察指针是否指在"0"位。如果上述检查发现指针不能指到"∞"或"0"位，则表明兆欧表有故障，应检修后再用。

3. 兆欧表测量的接线方法

兆欧表有三个端钮，即接地 E 端、线路 L 端和保护环 G 端。测量电路绝缘电阻时，E 端接地，L 端接电路，即测量的是电路与大地之间的电阻；测量电动机的绝缘电阻时，E 端接电动机的外壳，L 端接电动机的绕组；测量电缆绝缘电阻时，除 E 端接电缆外壳，L 端接电缆芯外，还需要将电缆壳、芯之间的内层绝缘接至 G 端，以消除因表面漏电引起的测量误差，如图 1-26 所示。

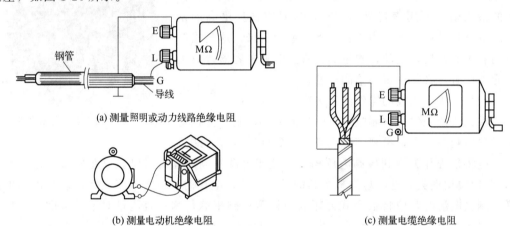

图 1-26　兆欧表测量的接线方法

4. 兆欧表的使用注意事项

兆欧表在不使用时应放于固定的橱内，环境气温不宜太低或太高，切忌放于污秽、潮湿的地面上，并避免置于有腐蚀作用的空气（如酸、碱等蒸气）中。

应尽量避免剧烈、长期振动使表头轴尖和宝石受损，从而影响仪表的准确度。

接线柱与被测物之间的连接导线不能用绞线，应分开单独连接，不致因绞线绝缘不良而影响读数。

在测量前后应对被测物进行充分放电，以保障人身和设备安全。

在测量雷电及邻近带高压导体的设备时，禁止用兆欧表进行测量，只有在设备不带电又不受其他电源感应而带电时才能进行测量。

转动手柄时应由慢转快，若发现指针指零，不许继续用力摇动，以防线圈损坏。

三、钳形电流表

在电工维修工作中，经常要求在不断开电路的情况下测量电路电流，钳形电流表可以满足这个要求，其外形如图 1-27 所示。

1. 钳形电流表的使用方法

① 在测量之前，应根据被测电流大小、电压高低选择适当的量程。若对被测量值无法

估计,应从最高量程开始,逐渐变换为合适的量程,但不允许在测量过程中切换量程,即应松开钳口,换挡后再重新夹持载流导体进行测量。

② 测量时,为使测量结果准确,被测载流导体应放在钳口的中央。钳口要紧密接合,若遇有杂音,可重新开口一次再闭合;若杂音仍存在,应检查钳口有无杂物和污垢,待清理干净后再进行测量。

③ 测量小电流时,为了获得较准确的测量值,可以设法将被测载流导线多绕几圈夹入钳口进行测量,但此时应把读数除以导线绕的圈数才是实际的电流值。

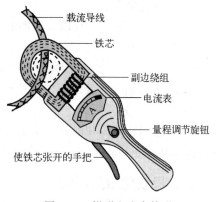

图 1-27 钳形电流表外形

测量完毕,一定要把仪表的量程开关置于最高量程位置上,以防下次使用时忘记换量程而损害仪表。使用完毕,将钳形电流表放入箱内保存。

2. 钳形电流表的使用注意事项

① 使用钳形电流表进行测量时,应当注意人体与带电体之间应有足够的安全距离。电工作业安全规则中规定最小安全距离不应小于 0.4m。

② 测量裸导线上的电流时,要特别注意防止引起相间短路或接地短路。

③ 在低压架空线上进行测量时,应戴绝缘手套,并使用安全带,必须由两人操作,其中一人操作,另一人监护。测量时不得触及其他设备,观察仪表时,要特别注意保持头部与带电部位的安全距离。

④ 钳形电流表的把手必须保持干燥,并且进行定期检查和试验,一般一年进行一次。

课题三 导线连接及电量测量

【**课题背景**】 导线的连接是配线过程中非常重要的一项工作,看似简单,其中包含很多技能和学问,接头质量的好坏直接影响能否可靠供电、安全用电和电气设备的正常使用。因为接头接不好,会产生发热、闪弧、触电、燃烧、爆炸等。事实证明,很多电气故障都是由导线接头质量不好引起的。不同截面、不同材质、不同股数、不同根数的导线,均有不同的连接方法。由于使用各种测量仪器仪表能够测量电路的电压、电流、电阻等参数,所以掌握各种导线的连接方法和各种电量的测量方法是电气施工人员最基本的操作技能。

一、导线连接要求

导线连接有两种形式,分别是导线与导线的连接(即接头连接)和导线与设备、器具的连接(即导线端接)。

1. 接头连接基本要求

① 接触紧密,使接头处电阻最小。
② 连接处的绝缘强度与非连接处相同。
③ 连接处的机械强度与非连接处相同。
④ 耐腐蚀。

2. 导线端接基本要求

① 连接应牢固，不致因振动而脱落。接触面应紧密，接触电阻应较小。

② 截面 $10mm^2$ 及以下的单股铜芯和单股铝芯导线可直接与设备、器具的端子连接，但必须保证"三无"：无"鸡爪"、无"羊尾"、无明接头。

③ 截面 $2.5mm^2$ 及以下的多股铜芯导线的线芯，应先拧紧后搪锡或压接端子，再与设备、器件的端子连接。

④ 多股铝芯导线和截面大于 $2.5mm^2$ 的多股铜芯导线，除设备自带插接式端子外，应焊接或压接端子后，再与设备、器件的端子连接。

二、导线绝缘层剖削

1. 塑料硬线（单芯）绝缘层剖削

（1）用剥线器剖削

先把塑料硬线放入剥线器相应的刃口中，再用手将钳柄一握，硬线的绝缘层即被割破并自动弹出，如图 1-28 所示。

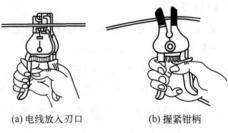

图 1-28 用剥线器剖削

（2）用钢丝钳剖削

截面 $4mm^2$ 及以下的塑料硬线一般用钢丝钳或尖嘴钳剖削，如图 1-29 所示。

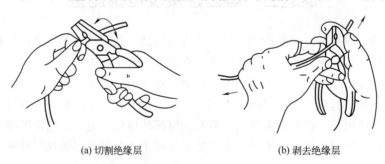

图 1-29 用钢丝钳剖削

（3）用电工刀剖削

截面大于 $4mm^2$ 的塑料硬线可用电工刀剖削，如图 1-30 所示。

2. 塑料软线绝缘层剖削

塑料软线绝缘层只能用剥线器和尖嘴钳剖削，不宜用电工刀剖削，其剖削方法同上。

3. 塑料护套线绝缘层剖削

塑料护套线绝缘层宜用电工刀剖削，剖削方法如图 1-31 所示。

 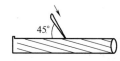 

(a) 手姿势　　　(b) 刀以约45°角倾斜切入　　　(c) 刀以约25°角倾斜推削　　　(d) 翻下绝缘层并切去

图 1-30　用电工刀剖削

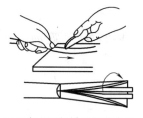 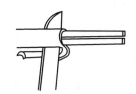 

(a) 刀在芯线缝隙间划开护套层　　　(b) 扳翻护套层并齐根切去　　　(c) 剖削完成

图 1-31　塑料护套线绝缘层剖削方法

4. 橡皮线绝缘层剖削

用与剖削护套线的护套层相似的方法，把橡皮线编织保护层用电工刀尖划开，用与剖削塑料线绝缘层相同的方法剖去橡胶层，然后，翻下松散面纱保护层至根部，用电工刀从根部切断。

5. 花线绝缘层剖削

在所需长度处，用电工刀在面纱保护层四周割切一圈后拉去，距面纱保护层 10mm 处，用尖嘴钳刀口切割橡胶绝缘层，然后右手握住钳头，左手把花线用力抽拉，钳口勒出橡胶绝缘层，将露出的面纱保护层散开，然后用电工刀从根部割断面纱保护层。

三、铜导线接头连接

1. 单股铜芯导线直接连接

（1）单股等径铜芯导线连接

单股等径铜芯导线连接方法如图 1-32 所示。

截面 6mm² 及以下的单股等径铜芯导线一般采用绞接法，如图 1-32（a）所示；截面大于 6mm² 的单股等径铜芯导线一般采用绑扎法，如图 1-32（b）所示。

（2）单股不等径铜芯导线连接

单股不等径的铜芯导线连接方法如下：首先把细导线在粗导线上缠绕 5~6 圈，弯折粗导线端部使它压在细导线缠绕层上，再把细导线缠绕 3~4 圈，剪去多余细线头，如图 1-33 所示。

2. 单股铜芯导线 T 字分支连接

单股铜芯导线 T 字分支连接方法如图 1-34 所示。一般单芯线连接如图 1-34（a）所示，首先将支路芯线的线头与干线芯线十字相交，使支路芯线根部留出 3~5mm，然后按顺时针

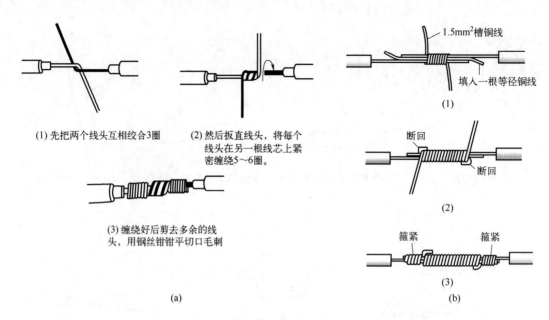

图 1-32 单股等径铜芯导线连接方法

方向缠绕 6~8 圈，用钢丝钳切去余下的芯线，并钳平芯线末端。较小线芯可按如图 1-34（b）所示方法环绕成结，然后把支路芯线线头抽紧缠绕 6~8 圈，剪去多余芯线，钳平芯线末端。较大线芯可采用绑扎法，如图 1-34（c）所示。

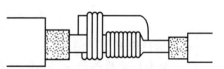

图 1-33 单股不等径铜芯导线连接方法

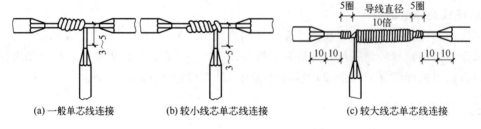

图 1-34 单股铜芯导线 T 字分支连接方法

3. 单股铜芯导线十字分支连接

单股铜芯导线十字分支连接方法如图 1-35 所示。

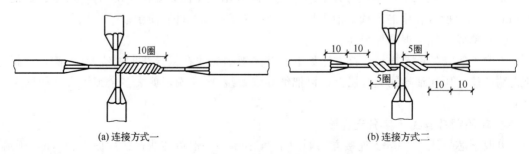

图 1-35 单股铜芯导线十字分支连接方法

4. 单股铜芯导线并接

（1）两根导线并接

两根导线并接方法如图1-36所示，两根导线线端互相绞合5~6圈，把余线留一小段折回钳紧或剪去。

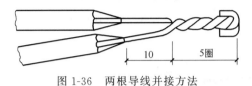

图1-36 两根导线并接方法

（2）三根导线并接

三根导线并接方法如图1-37所示。首先剥去绝缘层，如图1-37（a）所示；然后用钳子夹住导线，将最长的一根压住另外两根，紧绕7圈后剪去余线，如图1-37（b）、（c）所示；最后把短的两根线折回钳紧，如图1-37（d）所示。

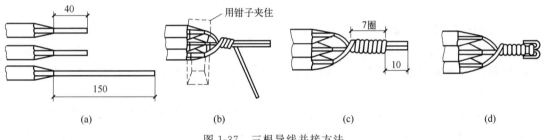

图1-37 三根导线并接方法

5. 导线压线帽连接

导线压接帽可采用阻尼式手握压力钳压接。压线帽外为塑料壳，内置铝合金套管或镀银铜套管。压接时先把导线线头用剥线器剥去约18mm绝缘层，把几根线对齐，用钢丝钳顺时针绞紧，插入压线帽内，用压力钳夹住压线帽用力压紧。压线帽及压接方法如图1-38所示。

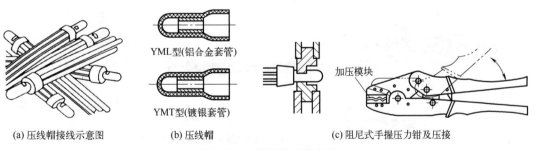

图1-38 压线帽及压接方法

6. 双股导线连接

双股导线连接时，每根芯线可按单芯线直线连接方法连接，但双芯线连接处应互相错开，如图1-39所示。

7. 软线与硬线连接

软线与硬线连接时，首先把软线芯线拧紧，然后将软线在硬线上紧缠7圈，硬线折回并用钳子夹紧，如图1-40所示。

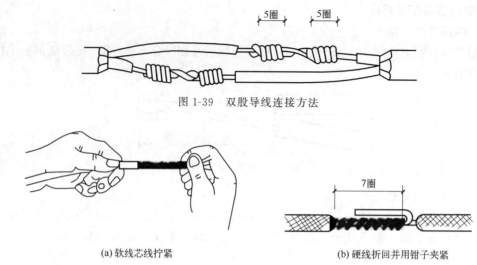

图 1-39　双股导线连接方法

图 1-40　软线与硬线的连接方法

8. 多股铜芯导线直接连接

多股铜芯导线直接连接方法如图 1-41 所示。

① 将剖去绝缘层的芯线拉直，分散成伞骨状，把两伞骨状线头隔股对叉，如图 1-41（a）、（b）所示。

② 将导线一端的一股芯线折起并垂直于芯线，按顺时针方向紧贴并缠 3 圈，再剪去或折成与芯线平行的直角，继续缠紧第二股芯线 3 圈，但在后一股芯线折起时，应把折起的芯线紧贴前一股芯线已弯成直角的根部，如图 1-41（c）所示。

③ 从第 3 股芯线开始紧缠 5 圈，紧缠完最后一股芯线，剪去芯线多余的端头，如图 1-41（d）所示。

④ 用同样的方法连接导线另一端，连接好后如图 1-41（e）所示。

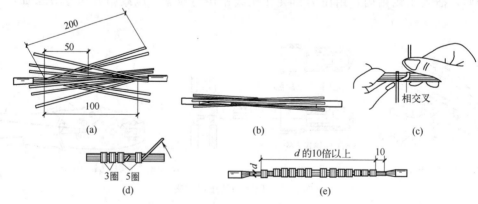

图 1-41　多股铜芯导线直接连接方法

9. 多股铜芯导线 T 字分支连接

多股铜芯导线 T 字分支连接方法如图 1-42 所示。其中，图 1-42（a）所示连接方法操作步骤如下。

① 剖削干线和支线长为 L 的绝缘层，绞紧支线靠近绝缘层 $L/8$ 处的芯线，散开支线芯线，拉直并清洁芯线表面。

② 将支线芯线分成两组排齐，用螺钉旋具将干线中间分开，将一组插入干线芯线中间，将另一组芯线在干线芯线上顺时针方向紧密缠绕 4~5 圈，切除余下芯线，钳平线端。

③ 将前一组芯线在干线芯线的另一侧顺时针方向紧密缠绕 3~4 圈，切除余下芯线，钳平线端。

此外，还可用图 1-42（b）所示的方法进行 T 字分支连接。

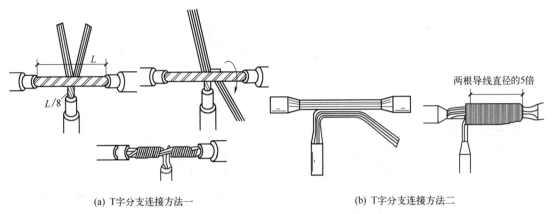

(a) T字分支连接方法一　　　　　　　　　　(b) T字分支连接方法二

图 1-42　多股铜芯导线 T 字分支连接方法

四、铝导线接头连接

铝极易被氧化，而氧化铝膜的电阻率又很高，所以铝芯导线不能采用铜芯导线绕接连接的方法进行连接，否则容易发生故障。铝芯导线的连接方法有螺钉压接、沟线夹螺栓连接、压接管压接等。

1. 螺钉压接

螺钉压接适用于负荷较小的单股芯线连接，在线路上可通过开关、灯头和瓷接头上的接线桩螺钉进行连接。连接前应先用钢丝刷把芯线表面的氧化膜刷除，并涂上导电膏或凡士林锌膏粉、中性凡士林，然后方可进行螺钉压接。若是两个线头同时接在一个接线桩上，则应先把两个线头拧成一体，然后压接，如图 1-43 所示。

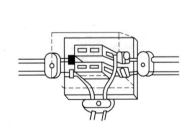

(a) 刷去氧化膜，涂上凡士林　　(b) 瓷接头上直接连接　　(c) 瓷接头做分路连接

图 1-43　螺钉压接方法

2. 沟线夹螺栓连接

沟线夹螺栓连接适用于室外截面较大的架空铝芯导线的连接。连接前，铝芯导线的处理方法与螺钉压接相同。沟线夹大小和数量与截面大小有关，通常截面 70mm^2 及以下铝芯导线，用一副小型沟线夹；截面 70mm^2 及以上铝芯导线，用两副大型沟线夹，两者之间距离 300~400mm。沟线夹螺栓连接方法如图 1-44 所示。

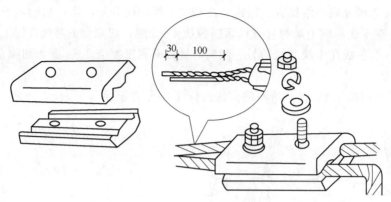

图 1-44 沟线夹螺栓连接方法

3. 压接管压接

压接管压接适用于户内外较大负荷的多根芯线导线的直接连接。压接时，选用适合导线规格的压接管，清除掉压接管内孔和导线表面的氧化层，并立即涂上导电膏，把两线头插入压接管，两端伸出压接管 25~30mm，用压力钳进行压接。若是钢芯铝绞线，两线之间则应衬垫一铝垫片。压接管压接方法如图 1-45 所示。

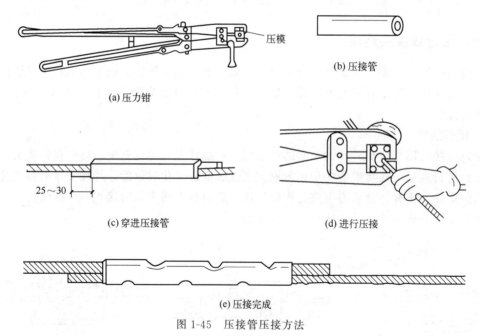

图 1-45 压接管压接方法

五、铜、铝导线连接

铜、铝导线连接时，为了避免电化学腐蚀，不得直接连接，可使用铜铝过渡端子、铜铝过渡套管和铜铝过渡线夹等连接。铜、铝端子连接时，应将铜接线端子做搪锡处理。铝芯导线和铜芯导线连接还可采用下述方法。

1. 截面 2.5mm² 单股铝芯线与多股铜芯软线连接

截面 2.5mm² 单股铝芯线与多股铜芯软线连接如图 1-46 所示，或用铜线刷锡后采用瓷接头压接。

图 1-46 截面 2.5mm² 单股铝芯线与多股铜芯软线连接方法

2. 截面 2.5mm² 铝芯线与 2.5mm² 铜芯线连接

可采用端子板压接,或将铜线刷锡后缠绕连接,也可采用螺旋压线帽压接。

六、导线端接

1. 线头与针孔式接线桩连接

(1) 单股导线连接

单股导线连接方法如图 1-47 所示。单股导线在插入针孔式接线桩前,先将线头的芯线折成双股并列,然后插入孔内,如图 1-47 (a) 所示,并使压紧螺钉顶在双股芯线中间。如果芯线直径较大,无法插入双股芯线,则应在单股芯线插入孔前把芯线端头略折一下,折的端头翘向孔上部,如图 1-47 (b) 所示。孔过大时,可采取以下方法处理:在孔中垫入薄铜板,如图 1-47 (c) 所示;也可用一根单股芯线,在芯线上紧密排绕一层,如图 1-47 (d) 所示,然后进行连接。注意:在插入孔时,必须插到底,同时导线绝缘层不得插入孔。

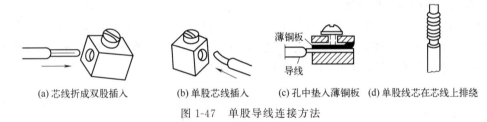

(a) 芯线折成双股插入　(b) 单股芯线插入　(c) 孔中垫入薄铜板　(d) 单股线芯在芯线上排绕

图 1-47 单股导线连接方法

(2) 多股导线连接

多股导线连接方法如图 1-48 所示。连接时应把多股芯线按原拧绞方向用钢丝钳进一步缠紧,要保证压紧螺钉顶压多股芯线时不松散。若孔有两个压紧螺钉,连接时应拧紧靠近端口的压紧螺钉,再拧紧另一个压紧螺钉,然后两个螺钉反复加拧两次。

芯线直径与孔大小较匹配时,把芯线进一步绞紧后插入孔中即可,如图 1-48 (a) 所示。孔过大时,可用一根芯线在已进一步绞紧的芯线上紧密排绕一层,然后进行连接,如图 1-48 (b) 所示。孔过小时,可把多股芯线处于中心部位的线芯剪去,然后进行连接,如图 1-48 (c) 所示。

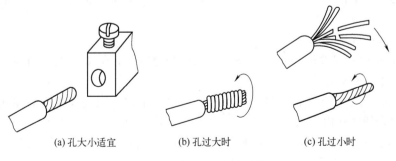

(a) 孔大小适宜　(b) 孔过大时　(c) 孔过小时

图 1-48 多股导线连接方法

2. 盘绕压接

盘绕压接的接线端子靠螺钉平面或垫圈紧压芯线完成连接，如图 1-49 所示。连接前应把芯线弯成压接圈，压接圈的弯曲方向必须与螺钉的拧紧方向一致。连接时，压接圈应压在垫圈下面，导线绝缘层不可压入垫圈内，螺钉必须拧得足够紧。

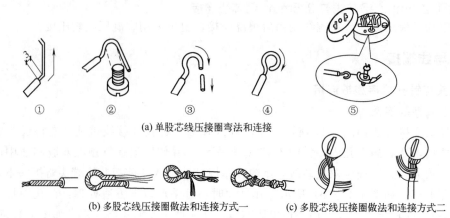

图 1-49　盘绕压接方法

3. 导线与瓦形接线桩连接

导线与瓦形接线桩的压紧方式与平压式接线桩相似，只是垫圈为瓦形（桥形），如图 1-50 所示。为了防止线头脱落，在连接时应将芯线按图 1-50（a）所示进行处理。如果要把两个线头接入同一个接线桩，应按图 1-50（b）所示进行处理。

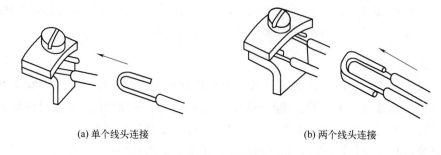

图 1-50　导线与瓦形接线桩连接方法

4. 多股铜（铝）线与接线端子端接

多股铝芯线和截面大于 2.5mm^2 的多股铜芯线与接线端子的端接可采用锡焊或压接两种方法。

（1）铜芯线接线端子锡焊

① 选用合适的铜接线端子。剥掉铜芯线端部的绝缘层，除去芯线表面和接线端子内壁的氧化膜，涂上无酸焊接膏。

② 插线孔口朝上，加热铜接线端子，然后把焊锡条插入铜接线端子的插线孔内，使焊锡受热后熔化在插线孔内。

③ 把芯线的端部插入接线端子的插线孔内，上下插拉几次后把芯线插到孔底。

④ 平稳地把接线端子浸到冷水里，使焊锡凝固、芯线焊牢。

⑤ 用锉刀把铜接线端子表面的焊锡除去，用砂纸打光后包上绝缘带，即可与电气设备

接线端子连接。

（2）铜芯线和铜接线端子压接

① 把剥去绝缘层并涂上导电膏的芯线插入内壁涂上导电膏的铜力线端子孔内，用压力钳压接，如图 1-51 所示。在铜接线端子的正面压两个坑，两个坑要在同一条直线上。

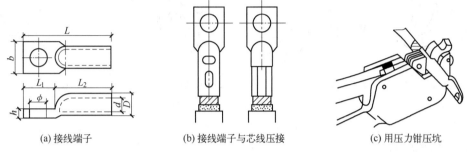

(a) 接线端子　　　　　(b) 接线端子与芯线压接　　　　(c) 用压力钳压坑

图 1-51　铜芯线和铜接线端子压接方法

② 从导线绝缘层至铜接线端子根部包上绝缘带（绝缘带要从导线绝缘层包起）后，即可与电气设备接线端子连接，如图 1-52 所示。

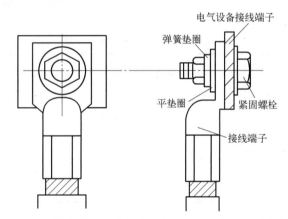

图 1-52　铜芯线和铜接线端子与电气设备接线端子连接

（3）铝芯线和铝接线端子压接

① 选用合适的铝接线端子，剥掉铝芯导线端部的绝缘层，刷去铝芯线表面和接线端子内壁的氧化层并涂上导电膏。

② 将铝芯线插入铝接线端子到孔底，用压力钳在铝接线端子正面压两个坑，两个坑要在同一条直线上。

③ 在剥去绝缘层的铝芯线和铝接线端子根部包上绝缘带（绝缘带要从导线绝缘层包起），并刷去接线端子表面的氧化层，即可与电气设备接线端子连接。

七、导线连接后恢复绝缘

导线连接好后，均应采用绝缘带包扎，以恢复其绝缘性能。经常使用的绝缘带有黑胶布、自黏性胶带、塑料带和黄蜡带等，应根据接头处环境和对绝缘的要求，结合各绝缘带的性能选用。包缠时采用斜叠法，使每圈压叠带宽的半幅。第一层绕完后，再沿另一斜叠方向缠绕第二层，使绝缘层的缠绕厚度达到电压等级绝缘要求。包缠时要用力拉紧，使包缠紧密坚实,以免潮气进入。导线接头绝缘带包缠方法如图1-53所示。

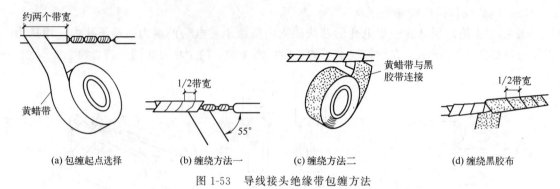

(a) 包缠起点选择　　(b) 缠绕方法一　　(c) 缠绕方法二　　(d) 缠绕黑胶布

图 1-53　导线接头绝缘带包缠方法

八、电量的测量

① 用万用表测量电梯机房中电气设备的工作电压、工作电流,将数值填入表1-1中。

② 用兆欧表测量电梯机房中电气设备的绝缘电阻,将数值填入表1-1中。

③ 用钳形电流表在不断开电路的情况下测量电梯机房中电气设备的电流,将数值填入表1-1中。

表 1-1　电梯机房中电气设备参数

设备名称	使用仪表	测量电压/V	测量电流/A	测量电阻/Ω	备注

思考与练习

1. 在电梯电气施工过程中,电工工具中的钳类工具主要有哪些?它们有哪些相同点?有哪些不同点?使用时分别应该注意哪些事项?

2. 在电梯电气施工过程中,万用表主要有哪两种类型?分别可用于测量哪些物理量?使用时应该分别注意哪些事项?

3. 在电梯电气施工过程中,在使用兆欧表、钳形电流表时应该注意哪些事项?

4. 在电梯电气施工过程中,导线的连接要求有哪些?

5. 在电梯电气施工过程中,铜导线的接头连接形式有哪些?

6. 在电梯电气施工过程中,铝导线的接头连接形式有哪些?

7. 在电梯电气施工过程中,铜、铝导线的接头连接形式有哪些?

8. 在电梯电气施工过程中,导线的端接形式有哪些?

9. 导线连接以后为什么要恢复绝缘?

单元二

常用电气设备安装

学习课题	课题一	插座和开关的安装
	课题二	照明电气装置的安装
	课题三	电风扇的安装
	课题四	配电箱（盘、柜）的安装
	课题五	家用配电设计与安装
学习目标	知识	掌握插座、开关的安装要求 掌握各种照明电气装置的安装要求 掌握电风扇的安装要求 掌握配电箱（盘、柜）的安装要求
	技能	掌握插座、开关的安装技术 掌握各种照明电气装置的安装技术 掌握电风扇的安装技术 掌握配电箱（盘、柜）的安装技术
重点		插座、开关、照明电气装置的安装
难点		配电箱（盘、柜）的安装

课题一 插座和开关的安装

一、插座安装

1. 插座安装要求

① 当交流、直流或不同电压等级的插座安装在同一场所时，应有明显的区别，且必须选择不同结构、不同规格和不能互换的插座；配套的插头应按交流、直流或不同电压等级区别使用。

② 暗装的插座面板紧贴墙面，四周无缝隙，安装牢固，表面光滑整洁，无碎裂、划伤，装饰帽齐全。

③ 当接插有触电危险的家用电器的电源时，采用能断开电源的带开关插座，开关可断

开相线。

④ 插座的安装高度一般为 1.3m；当幼儿园、小学等儿童活动场所不采用安全型插座时，插座的安装高度不小于 1.8m；车间及实验室的插座安装高度距地面不小于 0.3m；潮湿场所采用的密封并带保护地线触头的保护型插座，安装高度不低于 1.5m；特殊场所暗装的插座安装高度不小于 0.15m；同一室内插座安装高度一致。

⑤ 地面插座面板与地面齐平或紧贴地面，盖板固定牢固，密封良好。

2. 插座安装的工艺流程和方法

插座安装工艺流程：接线盒检查清理→接线→安装→通电试验。

插座安装施工方法与要点包括下面 4 个方面。

(1) 接线盒检查清理

用凿子轻轻地将盒内残留的水泥、灰块等杂物剔除，用小号油漆刷将接线盒内杂物清理干净。清理时注意检查有无接线盒预埋安装位置错位（即螺钉安装孔错位 90°）、螺钉安装孔缺失、相邻接线盒高差超标等现象，若有应及时修整。若接线盒埋入较深，超过 1.5cm 时，应加装套盒。

(2) 接线

① 将盒内导线留出维修长度后剪除余线，用剥线器剥出适宜长度，以刚好能完全插入接线孔为宜。

② 对于多根线的连接，应先按标准绕制 5 圈后搪锡，并用双层胶布缠好。

③ 应注意区分相线、零线及保护地线，不得混乱。

④ 插座接线。插座接线时应面对插座操作，单相双孔插座垂直排列时，上孔接相线，下孔接零线；水平排列时，右孔接相线，左孔接零线。单相三孔插座接线时，上孔接保护地线，右孔接相线，左孔接零线。三相四孔插座接线时，保护地线应在正上方，下孔从左侧起分别接在 L_1、L_2、L_3 相线上。同样用途的三相插座，相序应排列一致。同一场所的三相插座，其接线的相位必须一致。地线（PE）或零线（N）在插座间不串联连接。插座插孔排列顺序如图 2-1 所示。

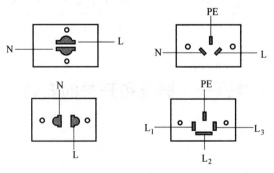

图 2-1 插座插孔排列顺序

带开关插座接线时，电源相线应与开关的接线柱连接，电源零线应与插座的接线柱相连接。带指示灯带开关插座接线如图 2-2 所示。带熔断器管二孔、三孔插座接线如图 2-3 所示。

双联级以上的插座接线时，相线、零线应分别与插孔接线柱并接或进行不断线整体套接，不应串接。插座进行不断线整体套接时，插孔之间的套接线长度应不小于 150mm。插座的接地线应采用铜芯导线，其截面积应不小于相线的截面积。

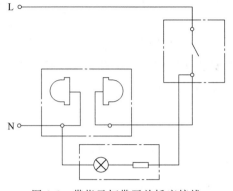

图 2-2 带指示灯带开关插座接线

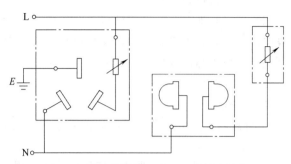

图 2-3 带熔断器管二孔、三孔插座接线

（3）安装

按接线要求，将盒内导线与插座的面板连接好后，将面板推入，对正安装孔，用镀锌螺钉固定牢固。固定时使面板端正，与墙面平齐。附在面板上的安装孔装饰帽应事先取下备用，待面板安装调整完毕再盖上，以免多次拆卸划损面板。安装在室外的插座应有防水措施。安装在装饰材料上的插座与装饰材料之间应设置隔热阻燃制品（如石棉布等）。

（4）通电试验

插座安装完毕，且各条支路的绝缘电阻摇测合格后，方允许通电试运行。通电后应仔细检查和巡视，若发现问题，必须先断电，然后查找原因进行修复。

二、开关安装

1. 开关安装要求

① 同一建筑物、构筑物的开关采用同一系列的产品，开关的通断位置一致，操作灵活、接触可靠。

② 相线经开关控制；民用住宅线路不能用软线引至床边的床头开关。

③ 开关安装位置便于操作，开关边缘距门框边缘的距离为 0.15～0.2m，开关距地面高度 1.3m；拉线开关距地面高度 2～3m，层高小于 3m 时，拉线开关距顶板不小于 100mm，拉线出口垂直向下。

④ 相同型号并列安装及同一室内的开关的安装高度一致，且控制有序不错位。并列安装的拉线开关的相邻间距不小于 20mm。

⑤ 暗装的开关面板应紧贴墙面，四周无缝隙，安装牢固，表面光滑整洁，无碎裂、划伤，装饰帽齐全。

⑥ 在同一室内预埋的开关盒，相互之间高低差应不大于 5mm；成排埋设时应不大于 2mm；并列安装时高低差应不大于 1mm。并列埋设时开关盒应以下沿对齐。

⑦ 厨房、厕所（卫生间）、洗漱室等潮湿场所的开关应设在房间的外墙处。

⑧ 走廊灯的开关，应设置在距灯位较近处。

⑨ 壁灯或起夜灯的开关，应设在灯位的正下方，并在同一条垂直线上。

⑩ 室外门灯、雨棚灯的开关应设在建筑物的内墙上。

2. 开关安装的工艺流程与方法

开关安装工艺流程：接线盒检查清理→接线→安装→通电试验。

开关安装施工方法与要点包括以下 4 个方面。

(1) 接线盒检查清理

用凿子轻轻地将盒内残留的水泥、灰块等杂物剔除，用小号油漆刷将接线盒清理干净。清理时注意检查有无接线盒预埋安装位置错位（即螺钉安装孔错位 90°）、螺钉安装孔缺失、相邻接线盒高差超标等现象，若有应及时修整。若接线盒埋入较深，超过 1.5cm 时，应加装套盒。

(2) 接线

① 将盒内导线留出维修长度后剪除余线，用剥线器剥出适宜长度，以刚好能完全插入接线孔为宜。

② 对于多联开关，需要分支连接的，应采用安全型压线帽压接分支。

③ 开关的相线应经开关关断。

(3) 安装

按接线要求，将盒内导线与开关的面板连接好后，将面板推入，对正安装孔，用镀锌螺钉固定牢固。固定时使面板端正，与墙面平齐。附在面板上的安装孔装饰帽应事先取下备用，待面板安装调整完毕再盖上，以免多次拆卸划损面板。安装在室外的开关应有防水措施。安装在装饰材料上的开关与装饰材料之间应设置隔热阻燃制品（如石棉布等）。

扳把开关不允许横装。扳把开关接线时，把电源相线接到静触点接线柱上，动触点接线柱接电器导线。扳把向上时表示开，向下表示关。开关芯连同支架固定到盒上，扳把上的白点应向下安装，盖好开关盖板，用机用螺栓将盖板与支架固定牢固，盖板应紧贴建筑物表面，如图 2-4 所示。

双控开关有三个接线柱，其中两个分别与两个静触点连通，另一个与动触点连通（称为共用桩）。双控开关的共用极（动触点）与电源的 L 线连接，共用桩与电器的一个接线柱连接。电器另一个接线柱应与电源的 N 线相连接。两个开关的静触点接线柱用两根导线分别进行连接。

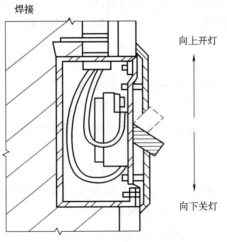

图 2-4 扳把开关安装

明装开关需要先把绝缘台固定在墙上，将导线甩出绝缘台，在绝缘台上安装开关和接线。拉线开关暗装时，将电源的相线和到电器的导线接到开关的两个接线柱 E 上，固定在预埋好的盒体上，面板上的拉线出口应垂直朝下。

明配线路中安装拉线开关，应先固定好绝缘台，拧下拉线开关盖，把两个线头分别穿入开关底座的两个穿线孔内，用木螺钉将开关底座固定在绝缘台上，导线分别接到接线柱上，拧上开关盖。双联及以上明装拉线开关并列安装时，应使用长方空心木台，开关间距不宜小于 20mm。

瓷质防水拉线开关安装时，应先安装好瓷座（外壳），开关芯接线完成后，再装入瓷座（外壳）内，拧好开关芯的固定螺栓。

翘板开关为暗装开关。开关芯与盖板互不相连的为活装面板，安装时需要先安装开关芯和固定板，再安装开关盖板。

普通单联单控翘板开关电源的相线应接到与动触点相连接的接线柱上，去电器的导线与静触点相连接。面板上有指示灯的，指示灯应在上面；翘板上有红色标记的应向上安装；"ON"代表开。若翘板或面板上无任何标志，应装成翘板上部按下时，开关处在合闸的位置，翘板下部按下时处在断开位置，如图 2-5 所示。

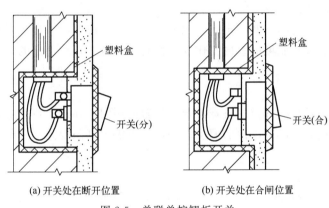

(a) 开关处在断开位置　　(b) 开关处在合闸位置

图 2-5　单联单控翘板开关

安装在潮湿场所的开关，应使用面板上带有薄膜的防潮防溅开关。开关在凹凸不平的墙面上安装时，为提高电器的密封性能，需要加装一个橡胶垫，以弥补墙面不平整的缺陷。

在塑料管暗敷设工程中，应不使用带金属安装板的翘板开关。

（4）通电试验

开关安装完毕，且各条支路的绝缘电阻摇测合格后，方允许通电试验。通电后应仔细检查和巡视，检查开关的控制是否灵活、准确；开关与电器控制顺序相对应，若发现问题，必须先断电，然后查找原因进行修复。

课题二　照明电气装置的安装

【课题背景】　照明用电光源所需的电器称为照明器具。照明器具安装内容包括灯具、开关、插座、照明配电箱等。照明器具及照明配电箱、照明供电系统的安装工程统称照明电气装置安装工程。要做好照明电气装置的安装工作，就必须了解电气照明的相关知识。建筑电气工程中，照明电气装置安装是主要工作之一。它量大面广、品种繁多，且与人们生活、工作密切相关，既要满足使用功能，还要体现整齐美观，更要保证安全可靠。要达到这些，安装时必须遵守国家有关规范、规程和工艺标准的规定，选用的各种照明器具、供电设备必须适用、经济、可靠，安装的位置应符合实际需要、使用方便，各种照明器具、电气线路及供电设备的安装应牢固、可靠，达到安全运行的要求且满足使用的要求。

一、照明方式和种类

照明在建筑物中的作用可归结为功能作用和装饰作用。功能性照明主要为室内外空间提供符合要求的光照环境，以满足人们生活和生产的基本需求。装饰性照明则着重于营造环境的艺术气氛，以加强和突出建筑的装饰效果。

1. 照明方式

照明方式是指照明装置按其安装部位或使用功能所构成的基本制式。根据现行规范，照明方式可分为一般照明、分区一般照明、局部照明和混合照明。

（1）一般照明

一般照明为照亮整个场所而设置的均匀照明。对于工作位置密集而对光照方向又无特殊要求或工艺上不适宜装设局部照明装置的场所，宜使用一般照明。

（2）分区一般照明

分区一般照明是为提高某些特定区域照度而设置的一般照明。分区一般照明适用于某一部分或几部分需要有较高照度的室内工作区，并且工作区是相对稳定的，如旅馆门厅中的总服务台等。

（3）局部照明

局部照明是为满足某些部位的特殊需要而设置的照明。如通常将照明装置装设在靠近工作台面的上方，以提高局部范围内的照度。局部地点需要高照度并对照射方向有要求时，宜采用局部照明。

（4）混合照明

混合照明一般指一般照明与局部照明共同组成的照明。对于需要较高照度并对照射方向有特殊要求的场所，宜采用混合照明。

2. 照明的种类

根据现行规范，照明可分为正常照明、应急照明、值班照明、障碍照明、装饰照明、景观照明。

（1）正常照明

正常照明是在正常情况下，用以保证工作、生活的安全、高效、舒适而设置的人工照明。

（2）应急照明

应急照明是在正常照明由于电气事故而断电失效后，为了继续工作或从房间内疏散人员而设置的照明。在因工作中断或误操作会引起爆炸、火灾、人身伤亡或生产秩序混乱，造成严重后果和经济损失的场所，应设置应急照明。

应急照明必须采用能瞬时可靠点亮的光源，一般采用白炽灯或卤钨灯。其供电线路应与正常照明分开，而且应该可靠。

（3）值班照明

值班照明是在非生产时间内，为了保护建筑物及生产设备的安全，供值班人员使用的照明（包括传达室、警卫室的照明）。值班照明宜利用正常照明中能单独控制的一部分，或利用应急照明的一部分或全部。

（4）障碍照明

障碍照明是装设在建筑物上作为障碍标志用的照明。在飞机场周围较高的建筑上或有船舶通行的航道两侧的建筑物上，应按民航和交通管理部门的有关规定装设障碍照明。

（5）装饰照明

装饰照明是为美化和装饰某一特定空间而设置的照明。纯以装饰为目的的照明不兼作一般照明和局部照明。

（6）景观照明

景观照明是为表现建筑物造型特色、艺术特点、功能特征和周围环境而布置的照明，这种照明通常在夜间使用。

二、常用电光源和灯具

1. 常用电光源分类

电光源的种类很多，各种形式的电光源的外观形状及光电性能指标有很大的差异，但从发光原理来看，电光源可分为两大类：热辐射光源和气体放电光源。

（1）热辐射光源

① 白炽灯。白炽灯的构造如图 2-6 所示，它主要由玻璃壳、灯丝、支架、引线和灯头组成。玻璃壳一般是无色透明的，但也有不同颜色的。玻璃壳内有的抽成真空，有的抽成真空后充入惰性气体。灯丝一般用钨丝制成。白炽灯由于价格低廉，安装方便，被广泛使用，但白炽灯只将约 20% 的电能转化为光能，是高耗能产品，故我国目前已将白炽灯列入淘汰产品。

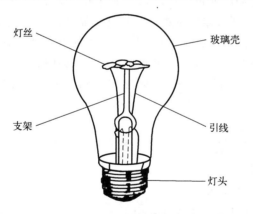

图 2-6　白炽灯的构造

② 卤钨灯。卤钨灯是白炽灯的一种。卤钨灯中，如充入卤族元素碘，则称为碘钨灯。除碘钨灯外，还有溴钨灯和氟钨灯，它们与碘钨灯相仿。卤钨灯灯管如图 2-7 所示。为了使管壁处生成的卤化物处于气态，管壁温度要比普通白炽灯高得多，但玻璃壳尺寸要小得多，因而必须使用耐高温石英玻璃或高硅氧玻璃。

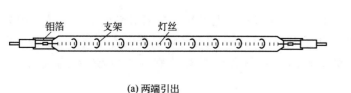

(a) 两端引出

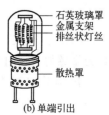

(b) 单端引出

图 2-7　卤钨灯灯管

照明管型卤钨灯是新型的光源和热源，适用于体育场、广场、会场建筑物、舞台，以及工厂车间、机场的照明，也可用于火车照明、轮船照明、摄影照明等场合。

(2) 气体放电光源

气体放电光源的种类很多，如荧光灯、荧光高压汞灯、钠灯、金属卤化物灯等，其共同的特点是发光效率高、能耗低、寿命长、耐振性好等，代表着新型电光源的发展方向。

① 荧光灯。荧光灯属于气体放电光源，是靠低压汞蒸气放电，利用放电过程中的电致发光和荧光质的光致发光形成光源。荧光灯在目前照明电气装置中已被广泛采用。它的优点是结构简单、制造容易、价格便宜并且发光效率高、光色好、寿命长。荧光灯灯管的典型结构如图2-8所示。

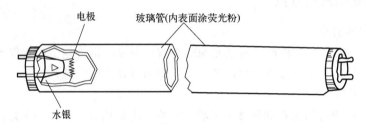

图 2-8　荧光灯灯管的典型结构

直管荧光灯适用于厂房、教室、办公室、商店及家庭等的室内照明。荧光灯的内壁涂以不同的荧光粉，可制成不同的光色，如白光、冷白光、暖白光及各种彩色的光。

② 高压汞灯。高压汞灯又称高压水银灯，它是靠高压汞蒸气放电而发光的。这里所说的"高压"，是指工作状态下的气体压力为1~5个大气压，以区别于一般低压荧光灯。高压汞灯的优点是光效高、寿命长、省电、耐振。高压汞灯如图2-9所示。高压汞灯的一个特点是在工作中熄灭以后不能立刻再点亮，必须冷却10min后通电才能点亮，在使用中必须注意这一点。

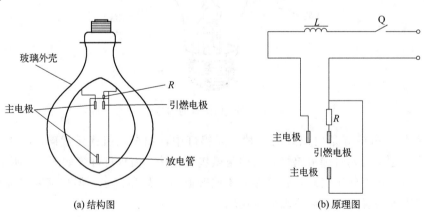

图 2-9　高压汞灯

③ 高压钠灯。高压钠灯通过高压钠蒸气放电发光，其辐射光谱中多数较强的光的波长在人眼最为敏感的波长附近，因而其光效很高。光源色调呈金黄色，透雾性能好，可广泛应用于道路、广场等对照度要求较高但对显色性没有特别要求的场所。高压钠灯结构如图2-10所示。

④ 金属卤化物灯。金属卤化物灯是一种较新型的电光源，它通过金属卤化物在高温下

分解产生金属蒸气和汞蒸气，激发放电辐射出可见光。适当选择金属卤化物并控制其成分的比例，可制成不同光色的金属卤化物灯，如钠铊铟灯和日光色镝灯等。

金属卤化物灯具有光效高、光色好、功率大等特点，适用于对光色要求较高的场所，如用于需要进行电视转播的体育场馆的照明。

这种灯由于受供电电压影响较大，所以要求供电电压波动不超过5%。金属卤化物灯如图2-11所示。

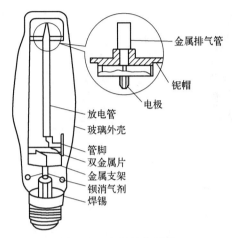

图 2-10　高压钠灯结构

图 2-11　金属卤化物灯

高压汞灯、金属卤化物灯和高压钠灯统称为高强度气体放电灯（HID灯），它们具有相似的结构，都有放电管、外泡壳和电极，但所用材料及内部所充的气体不同。

⑤ 低压钠灯。低压钠灯是基于低压钠蒸气放电中钠原子被激发而辐射共振谱线这一原理制成的，其辐射是近乎单色的（主要是589nm）谱线。这一谱线范围内，人眼的光谱光效率很高，所以低压钠灯有很高的效率，可超过150lm/W，是一种很经济的光源。低压钠灯的使用寿命较长，可达到2000~5000h。但低压钠灯的显色性很差，适用于对显色性要求不高的场所。

由于低压钠灯具有耗电少、发光效率高、穿透云雾能力强等优点，常用于铁路、公路、广场照明。低压钠灯结构如图2-12所示。

图 2-12　低压钠灯结构

⑥ 发光二极管（LED）。LED是一种半导体发光二极管，利用固体半导体芯片作为发光材料，当两端加上正向电压时，半导体中的载流子发生复合发出过剩的能量，从而引起光子发射产生可见光。目前大功率LED发光效率可达30lm/W，辐射颜色为多色，寿命达数万小时。

LED发光的颜色由组成半导体的材料决定。磷化铝、磷化镓、磷化铟可以做成红色、橙色、黄色；氮化镓和氨化镓可以做成绿色、蓝色和白色。

与目前常用的光源相比，LED的光输出能量相对较低，因此需要采用阵列和其他结构来组成照明灯。

LED 为低压供电，具有附件简单、结构紧凑、可控性好、色彩丰富纯正、高照度、防潮、防振性能好、节能环保等优点，目前在显示技术领域、标志灯和带色彩的装饰照明中占举足轻重的地位。LED 灯外形如图 2-13 所示。

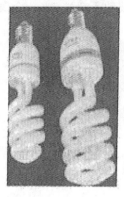  

(a) LED节能灯　　　　　(b) LED射灯　　　　　(c) LED路灯

图 2-13　LED 灯外形

2. 灯具的分类

灯具也称照明器，它由电光源、附件和灯罩组成。灯具的形式很多，其分类方法也不同。

（1）按作用分类

按灯具所起的主要作用，可将灯具分为功能性灯具和装饰性灯具。功能性灯具以满足高光效、高显色性、低眩光等要求为主，兼顾装饰性方面的要求；而装饰性灯具一般由装饰性零件围绕光源组合而成，以美化空间环境、渲染气氛为主。

（2）按配光曲线分类

国际照明委员会（CIE）按照光通量在光源上、下半球的分布将灯具分为五类。

① 直接型灯具。直接型灯具是指 90%～100% 的光通量直接向下半球照射的灯具，常用反光性能良好的不透明材料做成，工厂灯、镜面深照型灯、暗装天棚顶灯等均属此类。

② 半直接型灯具。为了改善室内的亮度分布，消除灯具与顶棚亮度之间的强烈对比，常采用半透明材料做灯罩，或在灯罩的上方开少许缝隙，使光的一部分能透射出去，这样就形成半直接型配光。常用的乳白玻璃菱形灯罩、上方开口玻璃灯罩等均属此类。

③ 均匀漫射型灯具。均匀漫射型灯具用漫射透光材料做成任何形状的封闭灯罩，乳白玻璃圆球吊灯就是该类灯具。这类灯具在空间各个方向上的发光强度几乎相等，光线柔和，室内能得到优良的亮度分布，可达到无眩光。其缺点是因工作面光线不集中，只可用于建筑物内一般照明，多用于楼梯间、过道等场所。

④ 半间接型灯具。半间接型灯具的上半部是透明的，下半部用漫射透光材料做成，因增加了反射光的比例，可使房间的光线更柔和更均匀。其缺点是在使用过程中，因上部透明部分容易积尘而使灯具的效率很快下降，清扫也较困难。

⑤ 间接型灯具。灯具的全部光线都从顶棚反射到整个房间内，光线柔和而均匀，避免了灯具本身因亮度高而形成的眩光。但由于有用的光线全部来自间接的反射光，其利用率比直接型低得多，在照度要求高的场所不适用，而且容易积尘而降低效率，要求顶棚的反射率

高。一般只用于公共建筑照明，如医院、展览厅等。

（3）按安装方式分类

① 悬吊式。悬吊式灯具是最普及的灯具之一，有线吊、链吊、管吊等多种形式，将灯具悬吊起来，可以达到不同的照明要求，如白炽灯的线吊式、日光灯的链吊式、工厂车间内配照型灯具的管吊式等。这种悬吊式安装方式可用在各种场合。

② 吸顶式。吸顶式灯具是将灯具吸装在顶棚上（如半圆球形吸顶安装的走廊灯），它适合于室内层高较低的场所。

③ 壁装式。壁装式灯具是将灯具安装在墙上或柱上，适用于局部照明或装饰照明。

其他安装方式还有落地式、台式、嵌入式等，无论是何种灯具，都应根据使用环境需求、照明要求及装饰要求等进行合理选择。

三、电气照明基本线路

1. 荧光灯接线

（1）单管电感式荧光灯接线

带镇流器的荧光灯电路由三个主要部分组成：灯管、镇流器和启辉器，如图 2-14 所示。开关接相线，装在镇流器一侧。

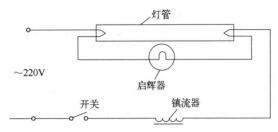

图 2-14 带镇流器的荧光灯电路

（2）单管电子式荧光灯接线

近年来，电子镇流器得到了广泛的应用。电子镇流器装在灯座上，与荧光灯座构成一个整体，其灯具只引出两根线，在安装时把零线接到其中一根引出线上，把经过开关的相线接到另一根引出线上。单管电子式荧光灯安装电路如图 2-15 所示。

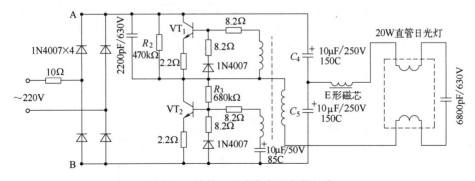

图 2-15 单管电子式荧光灯安装电路

（3）双管荧光灯接线

双管荧光灯接线电路如图 2-16 所示。注意，相线经开关后接到镇流器上。

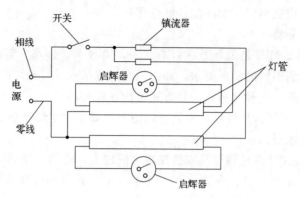

图 2-16 双管荧光灯接线电路

2. 多地一控式接线

（1）两地控制一盏灯的接线

当两个双控开关同时扳到同一导线连接的静触点上时，电路接通，电灯点亮，此时扳动任何一个开关，都将使电路断开，电灯熄灭，如图 2-17 所示。

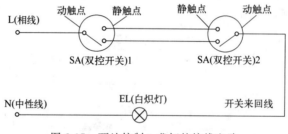

图 2-17 两地控制一盏灯的接线电路

（2）三地控制一盏灯的接线

在双控开关 K_1 和 K_2 之间任意点接入双刀双掷开关 K_3，便可以实现三地控制，如图 2-18

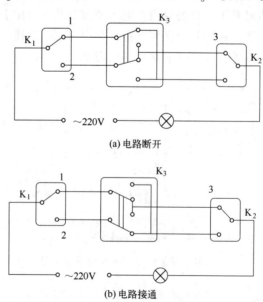

(a) 电路断开

(b) 电路接通

图 2-18 三地控制一盏灯的接线电路

所示。K_1、K_2、K_3 处于图 2-18（a）状态时，电路是断开的，这时无论扳动哪一个开关，都能使电路接通。当 K_1、K_2、K_3 处于图 2-18（b）状态时，电路是接通的，这时无论扳动哪一个开关，都能使电路断开。

3. 高压灯接线

（1）高压钠灯接线

在高压钠灯的工作电路中，除灯泡外，必须根据内触发或外触发分别选用相应的工作电路，如灯泡＋镇流器或灯泡＋镇流器＋触发器工作电路，这样才能达到高压钠灯正常工作要求的燃点。外触发高压钠灯的燃点电路中必须有配套镇流器串联，同时还要在灯泡两端并联一个触发器，这样高压钠灯才可正常使用。高压钠灯接线电路如图 2-19 所示，相线经开关和熔断器与灯相接，零线直接与灯相接。目前，高压钠灯触发器普遍由电子元件组成，也称电子触发器。它因具有无机械触点、可靠性好、体积小、质量小、使用方便等优点而受到用户的青睐。

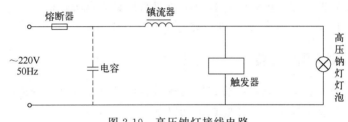

图 2-19　高压钠灯接线电路

（2）高压汞灯接线

高压汞灯有两种：一种是带镇流器的；另一种是不带镇流器的。带镇流器的高压汞灯一定要注意使镇流器与灯泡的功率相匹配。带镇流器的高压汞灯接线电路如图 2-20 所示。不带镇流器的高压汞灯接线时，只需把零线接到灯头上，把经过开关的相线接到灯泡上即可。

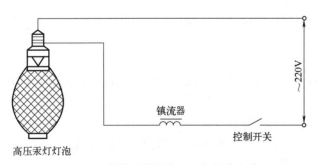

图 2-20　带镇流器的高压汞灯接线电路

四、照明装置安装的一般规定

安装的灯具应配件齐全，灯罩无损坏。

螺口灯头接线必须将相线接在中心端子上，零线接在螺纹的端子上；灯头外壳不能有破损和漏电。

灯具使用的导线最小线芯截面应与灯具功率相匹配，导线线芯最小允许截面积应不小于 $1mm^2$。

1. 灯具安装高度

室内一般不低于 2.5m，室外不低于 3m。一般生产车间、办公室、商店、居室等的 220V 灯具的安装高度应不低于 2m，如果灯具安装高度不能满足最低高度要求，而且又无安全措施的车间照明以及行灯、机床局部照明灯等应采用 36V 以下的安全电压。

2. 地下建筑内的照明装置

地下建筑内应有防潮措施，灯具低于 2.0m 时，灯具应安装在人不易碰到的地方，否则应采用 36V 及以下的安全电压。

3. 嵌入顶棚内的装饰灯

灯具应固定在专设的框架上，电源线不应贴近灯具外壳，灯线（灯具导线）应留有裕量，固定灯罩的框架边缘应紧贴到顶棚上。嵌入式日光灯管组合的开启式灯具，灯管应排列整齐，金属间隔片不应有弯曲、扭斜等缺陷。

4. 其他

配电盘及母线的正上方不得安装灯具，事故照明灯具应有特殊标志。Ⅰ类灯具的不带电的外露可导电部分必须与保护接地（PE）可靠连接，且应有标志。

五、普通照明灯具的安装

普通照明灯具的安装工艺流程：检查灯具→组装灯具→安装灯具→通电试运行。

普通照明灯具的安装施工方法和要点包括以下 4 个方面。

1. 检查灯具

① 根据灯具的使用场所检查灯具是否符合安装要求。

a. 多尘、潮湿的场所应采用密闭式灯具。

b. 灼热多尘的场所（如出钢、出铁等场所）应采用投光灯。

c. 灯具有可能受到机械损伤的，应采用有防护网罩的灯具。

d. 安装在振动场所（如有锻锤、空压机等）的灯具应有防撞措施。

e. 除敞开式外，其他各类灯具的灯泡容量在 100W 及以上的均应采用瓷灯。

② 根据装箱清单清点安装配件。

③ 检查制造厂的相关技术文件是否齐全。

④ 检查灯具外观是否正常，有无擦碰、变形、受潮、金属镀层剥落锈蚀等现象。

2. 组装灯具

（1）组合式吸顶花灯的组装

① 选择适宜的场地，将灯具的包装箱、保护薄膜拆开铺好。

② 戴上干净的纱线手套。

③ 参照灯具的安装说明将各组件连成一体。

④ 灯内穿线的长度应适宜，多股软线线头应搪锡。

⑤ 应统一配线的颜色，以区分相线与零线。螺口灯座中心弹簧片应接相线，不得混淆。

⑥ 理顺灯内线路，用线卡或尼龙扎带固定导线，以避开灯泡发热区。

（2）吊顶花灯的组装

① 选择适宜的场地，将灯具的包装箱、保护薄膜拆开铺好。

② 戴上干净的纱线手套。

③ 首先将导线从各个灯座口穿到灯具本身的接线盒内，导线一端盘圈、搪锡后接好灯

头，然后理顺各个灯头的相线与零线，另一端区分相线与零线后分别与引出的电源线相接，最后将电路接线从吊杆中穿出。

④ 灯泡、灯罩可在灯具整体安装好后再装上，以免损坏。

3. 安装灯具

（1）普通座式灯头的安装

① 将电源线留足维修长度后，剪除余线并剥出线头。

② 接线时区分相线与零线，螺口灯座中心弹簧片应接相线，不得混淆。

③ 用连接螺钉将灯座安装在接线盒上。

（2）吊线式灯头的安装

① 将电源线留足维修长度后，剪除余线并剥出线头。

② 将导线穿过灯头底座，用连接螺钉将底座固定在接线盒上。

③ 根据需要长度剪取一段灯线，在一端接上灯头。灯头内应系好保险扣，接线时区分相线与零线。螺口灯座中心弹簧片应接相线，不得混淆。

④ 多股线芯接头应搪锡，连接时应注意接头，均应按顺时针方向弯钩后压上垫片用灯具螺钉拧紧。

⑤ 将灯线另一头穿入底座盖碗，灯线在盖碗内应系好保险扣，并与底座上电源线用压线帽连接。

⑥ 旋上扣碗。

（3）日光灯的安装

① 吸顶式日光灯安装。

a. 打开灯具底座盖板，根据图纸确定安装位置，将灯具底座贴紧建筑物表面，灯具底座应完全遮住接线盒，对着接线盒的位置开好进线孔。

b. 比照灯具底座安装孔用铅笔画好安装孔的位置，打出尼龙栓塞孔，装入栓塞（若为吊顶，可在吊顶板上的木龙骨或轻钢龙骨上用自攻螺钉固定）。

c. 将电源线穿出后，用螺钉将灯具固定，并调整位置以满足要求。

d. 用压线帽将电源线与灯内导线可靠连接，装上启辉器等附件。

e. 盖上底座盖板，装上日光灯管。

② 吊链式日光灯安装。

a. 根据图纸确定安装位置，确定吊链吊点。

b. 打出尼龙栓塞孔，装入栓塞，用螺钉将吊链挂钩固定牢靠。

c. 根据灯具的安装高度确定吊链及导线的长度（使导线不受力）。

d. 打开灯具底座盖板，将电源线与灯具导线可靠连接，装上启辉器等附件，盖上底座盖板，装上日光灯管，将日光灯挂好。

e. 将导线与接线盒内电源线连接，盖上接线盒盖板，并理顺垂下的导线。

（4）吸顶灯（壁灯）的安装

① 比照灯具底座画好安装孔的位置，打出尼龙栓塞孔，装入栓塞。

② 将接线盒内电源线穿出灯具底座，用螺钉固定好底座。

③ 将灯具的导线与电源线用压线帽可靠连接。

④ 用线卡或尼龙扎带固定导线，以避开灯泡发热区。

⑤ 安装好灯泡，装上灯罩并拧好紧固螺钉。

注意：安装在室外的壁灯应有泄水孔，绝缘台与墙面之间应采用防水措施，安装在装饰材料上的灯具与装饰材料之间应有防火设备。

(5) 吊顶花灯的安装

① 将预先组装好的灯具托起，用预埋好的吊钩挂住灯具的吊钩。
② 将灯具导线与电源线用压线帽可靠连接，拧紧紧固螺钉。
③ 将灯具上部的装饰扣碗向上推起并紧贴顶棚。
④ 调整好各灯口，上好灯泡，配上灯罩。

(6) 嵌入式灯具（光带）的安装

① 应预先将有关位置及尺寸交有关人员用以开安装孔。
② 将吊顶内引出的电源线与灯具的接线端子可靠连接。
③ 将灯具推入安装孔固定。
④ 调整灯具框架。

4. 通电试运行

灯具安装完毕，经绝缘测试检查合格后，方允许通电试运行。通电后应仔细检查和巡视，检查灯具的控制是否灵活、准确，开关与灯具控制顺序是否对应，灯具有无异常噪声。若发现问题应立即断电，查出原因并修复。

课题三　电风扇的安装

【课题背景】 日常生活、工作场所，公共场所（包括电梯轿厢、井道）等地方，电风扇是基本的、常用的电气设备，能否正确地安装，直接关系到其能否正常、安全地使用。

一、电风扇安装要求

电风扇的安装应符合下列规定。

1. 吊扇安装规定

① 吊扇挂钩安装牢固，吊扇挂钩的直径不小于吊扇挂销的直径，且不小于8mm；有防振橡胶垫；挂销的防松零件齐全、可靠。
② 吊扇扇叶距地高度不小于2.5m。
③ 组装吊扇时不改变扇叶角度，扇叶的防松零件齐全。
④ 吊杆间、吊杆与电动机间采用螺纹连接，啮合长度不小于20mm，且防松零件齐全紧固。
⑤ 吊扇接线正确，运转时，扇叶无明显颤动和异常声响。
⑥ 涂层完整，表面无划痕、无污染，吊杆上下扣碗安装牢固到位。
⑦ 同一室内并列安装的吊扇开关高度一致，一般为1.3m，且控制有序不错位。

2. 壁扇安装规定

① 壁扇底座采用尼龙塞或膨胀螺栓固定；尼龙塞或膨胀螺栓的数量不少于两个，且直径不小于8mm，固定牢固可靠。
② 壁扇防护罩扣紧。固定可靠，当运转时，扇叶和防护罩无明显颤动和异常声响。
③ 壁扇下侧边缘距地面高度不小于1.8m。
④ 涂层完整，表面无划痕、无污染，防护罩无变形。

二、电风扇安装施工工艺

电风扇安装工艺流程：接线盒检查清理→接线→安装→通电试验。

1. 接线盒检查清理

用凿子轻轻地将盒子内残留的水泥、灰块等杂物剔除，用小号油漆刷将接线盒内杂物清理干净。清理时注意检查有无接线盒预埋安装位置错位（即螺钉安装孔错位90°）、螺钉安装孔缺失、相邻接线盒高差超标等现象，若有应及时修整。若接线盒埋入较深，超过1.5cm时，应加装套盒。

2. 接线

① 将盒内导线留出维修长度后剪除余线，用剥线器剥出适宜长度，以刚好能完全插入接线孔为宜。

② 多联开关需要分支连接的，应采用安全型压线帽压接分支。

③ 应注意区分相线、零线及保护地线，不得混乱。

④ 吊扇的相线应经开关连接。

根据产品说明书将吊扇组装好（扇叶暂时不装）。根据产品说明书剪取适当长度的导线穿过吊杆与扇头内接线端子连接。上述配线应注意区分导线的颜色，应与系统整体配线颜色一致，以区分相线、零线及保护地线。

3. 安装

① 吊扇安装。电风扇及附件进场验收时，应查验合格证。防爆产品应有防爆标志和防爆合格证号，实行安全认证制度的产品应有安全认证标志。电风扇应无损坏，涂层应完整，调速器等附件应适配。

固定吊扇的吊钩应弯成T形或Γ形。吊钩应由接线盒中心穿下，严禁将预理件下端在接线盒内预先弯成圆环。现浇混凝土楼板内预埋吊钩，应将Γ形吊钩与混凝土中的钢筋相焊接，在无条件焊接时，应与主筋绑扎固定。在预制空心板板缝处，应将Γ形吊钩与短钢筋焊接或者使用T形吊钩，吊钩在板面上与楼板垂直布置。使用T形吊钩还可以与板缝内钢筋绑扎或焊接。

安装吊扇前，将预埋吊钩露出部位弯制成形，曲率半径不宜过小，如图2-21所示。吊扇吊钩伸出建筑物的长度，最好在安上吊扇吊杆保护罩时能将整个吊钩全部遮住，如图2-21（a）所示。

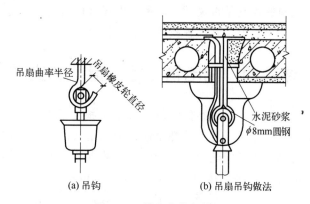

图2-21 吊扇安装方法

在挂上吊扇时，应使吊扇的重心和吊钩的直线部分处在同一条直线上，如图 2-21（b）所示。将吊扇托起，吊扇的环挂在预埋的吊钩上。

按接线图接好电源，并绑扎紧密。向上托起吊杆上的护罩，将接头扣于其中，护罩应紧贴建筑物或绝缘台表面，拧紧固定螺钉。

吊扇调速开关安装高度应为 1.3m。同一室内并列安装的吊扇开关高度应一致，且控制有序不错位。吊扇运转时，扇叶不应有明显的颤动和异常声响。

② 壁扇安装。壁扇底座应固定牢靠。在安装壁扇的墙壁上找好挂板安装孔和底板钥匙孔的位置，安装好尼龙塞。先拧好底板钥匙孔上的螺钉，把电风扇底板的钥匙孔套在墙壁螺钉上，然后用木螺钉把挂板固定在墙壁的尼龙塞上。壁扇的下侧边线距地面高度不宜小于 1.8m，且底座平面的垂直偏差不宜大于 2mm。壁扇的防护罩应扣紧，固定可靠。壁扇宜使用带开关的插座。壁扇在运转时，扇叶和防护罩均不应有明显的颤动和异常声响。

③ 换气扇安装。换气扇一般在公共场所、卫生间及厨房的墙壁或窗户上安装。换气扇的电源插座、控制开关须使用防溅型。换气扇安装在窗上、墙上的做法如图 2-22 所示。安装换气扇的金属构件部分前均应对其刷樟丹漆一道、灰色油漆两道，木制构件部分的油漆颜色与建筑墙面相同。

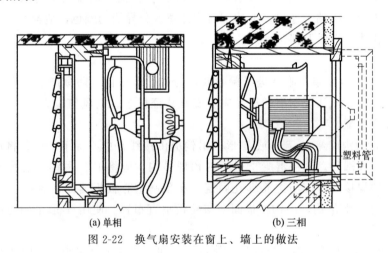

(a) 单相　　　　　　　　(b) 三相

图 2-22　换气扇安装在窗上、墙上的做法

4. 通电试验

插座安装完毕，且各条支路的绝缘电阻摇测合格后，方允许通电试运行。通电后应仔细检查和巡视，检查电风扇的控制是否灵活、准确；电风扇的转向、运行声音及调速开关是否正常。若发现问题，必须先断电，然后查找原因进行修复。

课题四　配电箱（柜、盘）的安装

【课题背景】 配电箱（柜、盘）在供配电系统中承担接受电能、分配电能的重要作用，对负载的监测、计量、参数显示、保护等都是通过配电箱（柜、盘）中的设备和仪器、仪表来实现的。所有建筑物都少不了配电箱，而配电箱安装得是否正确，直接关系到供电的安全性和可靠性。配电箱的种类很多，按电压，可分为高压箱和低压箱；按用途，可分为配电箱、动力箱、照明箱、计量箱、控制箱等；按安装方式，可分为悬挂式和落地式；按敷设方式，可分为明装和暗装；按制作工艺，可分为标准和非标准。

一、悬挂式配电箱的安装

悬挂式配电箱大多用于照明与小容量动力设备。悬挂式配电箱有明装和嵌入式（暗装）两种。明装时，可以直接将配电箱固定在墙上，也可通过支架固定。

悬挂式配电箱安装工艺流程如下：

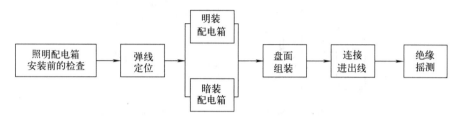

1. 照明配电箱安装前的检查

一般工程中，照明配电箱的数量较多，品种也多，所以在安装前，一定要核对图纸确定配电箱型号，并检查配电箱内部器件的完好情况，明确安装的形式、进出线的位置、接地的方式等。

2. 弹线定位

根据设计要求找出配电箱位置，并按照箱的外形尺寸进行弹线定位；弹线定位的目的是在有预埋木砖或铁件的情况下，可以更准确地找出预埋件，或者找出金属膨胀螺栓的位置。

3. 配电箱安装

明装配电箱时，土建装修的抹灰、喷浆及油漆应已全部完成。

（1）膨胀螺栓固定配电箱

小型配电箱可直接固定在墙上。按配电箱固定螺孔的位置，常用电钻或冲击钻在墙上钻孔，且孔洞应平直，不得歪斜。根据箱体重量选择塑料膨胀螺栓或金属膨胀螺栓的数量和规格。螺栓长度应为埋设深度（一般为 120～150mm）加箱壁厚度及螺栓垫圈的厚度再加上 3～5 扣螺纹的余量长度。也可预埋木砖，用木螺钉固定配电箱。悬挂式配电箱安装示意图如图 2-23 所示。

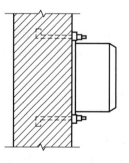

(a) 墙上膨胀螺栓安装　　　　(b) 墙上螺栓安装

图 2-23　悬挂式配电箱安装示意图

（2）铁支架和柱子固定配电箱

中大型配电箱可采用铁支架固定。铁支架可采用角钢和圆钢制作。安装前，先将铁支架加工好，并将埋注端做成燕尾，然后除锈，刷防锈漆；再按照标高用水泥砂浆将铁支架燕尾端埋注牢固,待水泥砂浆凝固后,方可进行配电箱的安装。在柱子上安装时,可用抱箍固定配电箱。铁支架和柱子固定配电箱安装示意图如图 2-24 所示。

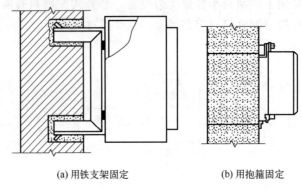

(a) 用铁支架固定　　(b) 用抱箍固定

图 2-24　铁支架和柱子固定配电箱安装示意图

暗装配电箱时,按设计指定位置,在土建砌墙时,先去掉盘芯,将配电箱箱底预埋在墙内,然后用水泥砂浆填实周边并抹平。若箱背板与外墙平齐,应在外墙固定金属网后再对墙面抹灰。不得在箱背板上抹灰。预埋前应砸下敲落孔压片。配电箱宽度超过 300mm 时,应考虑加过梁,以避免安装后箱体变形。应根据箱体的结构形式和墙面装饰厚度来确定突出墙面的尺寸。预埋时应做好线管与箱体的连接固定,线管露出长度应适中。安装配电箱盘芯,应在土建装修的抹灰、喷浆及油漆工作全部完成后进行。

当墙壁的厚度不能满足嵌入式要求时,可采用半嵌入式安装,使配电箱的箱体一半在墙面外,一半嵌入墙内,其安装方法与嵌入式相同。

4. 盘面组装

盘面组装主要包括实物排列、加工、固定电器及仪表和电盘配线。

(1) 实物排列

将盘面放平,再将全部电器及仪表、仪表置于其上,进行实物排列。对照设计图及电器、仪表的规格和数量,选择最佳位置使其符合间距要求,并保证操作维修方便、外形美观。

(2) 加工

位置确定后,用方尺找正,画出水平线,均分孔距。然后撤去电器、仪表进行钻孔(孔径应与绝缘嘴吻合)。钻孔后除锈,刷防锈漆及灰油漆。

(3) 固定电器

油漆干后装上绝缘嘴,并将全部电器、仪表摆平、找正,用螺钉固定牢固。

(4) 电盘配线

根据电器、仪表的规格、容量和位置,选好导线的截面和长度进行组配。盘后导线应排列整齐,绑扎成束。压头时,将导线留出适当余量,削出线芯,逐个压牢。多股线需要用压线端子。

5. 连接进出线

配电箱的进出线有三种形式:第一种是暗配管明箱进出线形式,如图 2-25 所示;第二种是明配管明箱进出线形式,如图 2-26 所示;第三种是暗配管暗箱进出线形式,如图 2-27 所示。

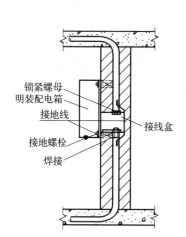 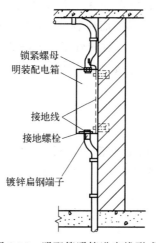 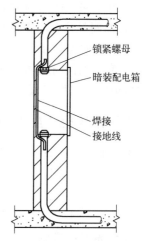

图 2-25　暗配管明箱进出线形式　　图 2-26　明配管明箱进出线形式　　图 2-27　暗配管暗箱进出线形式

6. 绝缘摇测

配电箱全部电器、仪表安装完毕后,用 500V 兆欧表对线路进行绝缘摇测。摇测项目包括测量相线与相线之间、相线与中性线(零线)之间、相线与保护地线之间、中性线与保护地线之间的电阻。由两人进行摇测,同时做好记录,作为技术资料存档。

7. 悬挂式配电箱安装的一般规定

① 配电箱暗装时,其底口距地面一般为 1.5m；明装时,底口距地面 1.2m。明装电度表背板底口距地面不得小于 1.8m。

② 配电箱内的交流、直流或不同电压等级的电源,应有明显的标志。

③ 配电箱内,应分别设置中性线(N)和保护接地(PE)汇流排,中性线和保护接地应在汇流排上连接,不得绞接,并应有编号。悬挂式配电箱内汇流排安装示意图如图 2-28 所示。

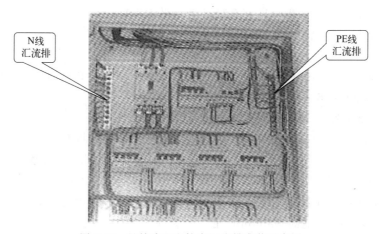

图 2-28　悬挂式配电箱内汇流排安装示意图

④ 配电箱内装设的螺旋熔断器的电源线应接在中间触点的端子上,负荷线应接在螺纹的端子上。

⑤ 配电箱内开关动作灵活可靠,带有漏电保护回路,漏电保护装置动作电流不大于 30mA,动作时间不大于 0.1s。

⑥ 配电箱上的电源指示灯，其电源应接至总开关的外侧，并应装单独的熔断器（电源侧）。盘面闸具位置与支路相对应，其下面应装设卡片框，标明电路类别及容量。

⑦ 配电箱箱体接地应牢固可靠。通过线管接地如图 2-28 所示。

⑧ 活动的门与箱体应进行可靠连接。装有电气元件的活动盘、箱门，应以裸铜编织软线与接地的金属构架可靠连接。

二、配电柜（盘）的安装

配电柜（盘）安装工艺流程：设备开箱检查→设备搬运→基础型钢和配电柜（盘）安装→配电柜（盘）上方母线配置与电缆连接→配电柜（盘）二次回路配线→配电柜（盘）试验调整→送电运行验收。

配电柜（盘）安装施工方法及要点包括以下 7 个方面。

1. 设备开箱检查

① 施工单位、供货单位、监理单位共同验收，并做好进场检验记录。

② 按设备清单、施工图纸及设备技术资料核对设备及附件、备件的规格和型号是否符合设计图纸要求；核对附件、备件是否齐全；检查产品合格证、技术资料、设备说明书是否齐全。

③ 检查配电柜（盘）外观无划痕，无变形，油漆完整无损等。

④ 检查配电柜（盘）内部电气装置及元件的规格、型号、品牌是否符合设计要求。

⑤ 柜（盘）内的计量装置必须全部检测，并有法定部门出具的检测报告。

2. 设备搬运

① 设备运输。由起重工作业，电工配合。根据设备重量、运输距离长短选择人力推车运输或卷扬机、滚杠运输，也可采用汽车运输。采用人力推车运输时，注意保护配电柜（盘）外表油漆、指示灯不受损。

② 道路要事先清理，保证平整畅通。

③ 设备吊点。配电柜（盘）顶部有吊环者，吊索应穿在吊环内；无吊环者，吊索应挂在主要承力结构处；不得将吊索吊在设备部位上。各吊索的长度应一致，以防柜体变形或损坏部件。

④ 汽车运输时，必须用麻绳将设备与车身固定，开车要平稳，以防撞击损坏配电柜（盘）。

3. 基础型钢架和配电柜（盘）安装

（1）基础型钢架安装

① 按设计图选用型钢，若无规定，可选用 8～10 号槽钢。将有弯的型钢调直，然后按图纸、配电柜（盘）技术资料提供的尺寸预制加工型钢架，并刷防锈漆做防腐处理。

② 按设计图纸将预制好的基础型钢架放于预埋铁件上，用水平尺找平、找正（可采用加垫片方法，但垫片不得多于 3 片），再将预埋铁件、垫片、基础型钢架焊接为一体。最好基础型钢架顶部高于抹平地面 100mm 以上。

③ 基础型钢架与地线连接：基础型钢架安装完毕后，将室外或结构的镀锌扁钢引入室内（与变压器安装地线配合）与基础型钢架两端焊接，焊接长度为扁钢宽度的 2 倍，再将基础型钢架刷两道灰漆。

（2）配电柜（盘）安装

① 按设计图纸将配电柜（盘）放在基础型钢架上，然后按配电柜（盘）底的固定螺孔

尺寸，在基础型钢架上用手电钻钻孔。一般无要求时，低压配电柜（盘）钻 4-13mm×25mm 孔，用 M12 镀锌螺钉固定，高压配电柜（盘）钻 4-16.2mm×30mm 孔，用 M16 镀锌螺钉固定。基础型钢支架与配电柜配合示意图如图 2-29 所示。低压配电柜与基础连接如图 2-30 所示。

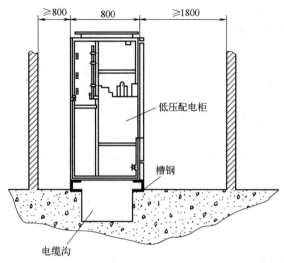

图 2-29 基础型钢支架与配电柜配合示意图

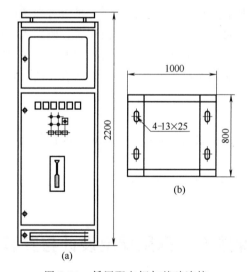

图 2-30 低压配电柜与基础连接

② 配电柜（盘）就位、找平、找正后，柜体与基础型钢架固定，柜体与柜体、柜体与侧挡板均用镀锌螺钉连接。

③ 每台配电柜（盘）单独与接地干线连接。在下部的基础型钢架侧面焊上 M10 螺栓，用 6mm² 铜线与柜上的接地端子牢固连接。

4. 配电柜（盘）上方母线配制与电缆连接

配电柜（盘）电缆进线采用电缆沟下进线时，需加电缆固定支架。

5. 配电柜（盘）二次回路配线

① 按原理图逐台检查配电柜（盘）上的全部电气元件是否相符，其额定电压和控制操

作电源电压必须一致。

②按图敷设柜与柜之间的控制电缆。

③控制电缆校线后,将每根电缆弯成圆圈,用镀锌螺钉、垫圈、弹簧垫连接到各端子板上。端子板每侧一般一个端子压一根电缆,最多不能超过两根,并且两根电缆之间应加垫圈。多股线应涮锡,不准有断股。

6. 配电柜(盘)试验调整

①所有接线端子螺钉再紧固一遍。

②绝缘摇测。用 100～500V 摇表在端子板处测量每个回路的绝缘电阻,要保证大于 10MΩ。

③接临时电源。将配电柜(盘)内控制、操作电源回路的熔断器上端相线拆下,接上临时电源。

④模拟试验。按图纸要求,分别模拟控制、联锁、信号等动作,继电器保护动作正确无误,灵敏可靠。

⑤拆除临时电源,将被拆除的电源线复位。

7. 送电运行验收

(1) 送电前准备

备齐检验合格的验电器、绝缘靴、绝缘手套、临时接地编织线、绝缘胶垫、干粉灭火器等;彻底清扫全部设备及清理配电室内的灰尘、杂物,室内除送电需用的设备、用具外,不得堆放其他物品;检查配电柜(盘)内、外、上、下是否有遗留的工具、金属材料及其他杂物;做好试运行组织工作,明确试运行指挥者、操作者、监护人;安装作业全部完毕,质量检查部门检查全部合格;试验项目全部合格,并有试验报告单;继电器保护动作灵敏可靠,控制、联锁、信号等动作准确无误;配电柜(盘)内所有元器件均做模拟漏电试验,应全部合格并做记录。

(2) 送电

将电源送至室内,验电、校相确保无误;对各路电缆摇测合格后,检查配电柜(盘)总开关处于"断开"位置再进行送电,开关试送 3 次;检查配电柜三相电压是否正常;验收时,送电空载运行 24h 后无异常现象,办理验收手续,收集好产品合格证、说明书、试验报告。

课题五　家用配电设计与安装

【课题背景】　家用配电板(箱)是挂在室外的配电设备,用以计量和分配电能。照明电路的电源取自供电系统的低压配电线路上的一根火线和一根地线。为了使室内每盏照明灯的开或关不影响其他照明灯,所有灯泡都必须并联在火线和地线之间,并在每盏灯的火线上都串联一个开关,以便进行单独控制。日光灯照明电路的安装与白炽灯照明电路的安装方法基本相同,但其本身的安装稍复杂。

一、家用配电板(箱)的设计安装与调试

假设你是一名电工,需要为某住宅小区的住户安装配电箱、白炽灯、日光灯,那么你应该如何做呢?典型的家用配电箱外形如图 2-31 所示。

图 2-31 典型的家用配电箱外形

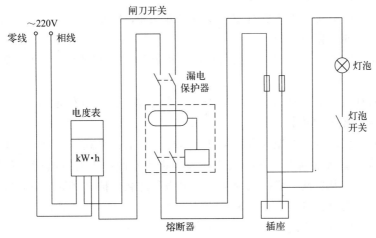

图 2-32 家用配电板电路原理接线图

1. 家用配电板电路设计

以小组形式合作完成家用配电板的电路设计。家用配电板电路原理接线图如图 2-32 所示，在其基础上完善，要求电气符号规范，电路设计正确，书面简洁。选择导线的直径时，应根据家庭负荷电流的大小来确定，故首先应掌握负荷电流的计算。

（1）分支负荷电流的计算

家庭用电负荷与各分支线路负荷紧密相关。线路负荷的类型不同，其负荷电流的计算方法也不同。配电线路所用负荷一般分为纯电阻性负荷和感性负荷两类。

① 纯电阻性负荷。纯电阻性负荷如白炽灯、电热器等，其电流可按下式计算

$$电流(A)=\frac{功率(W)}{电压(V)} \tag{2-1}$$

② 感性负荷。感性负荷如日光灯、电视机、洗衣机等。

日光灯负荷：日光灯负荷电流可按下式计算

$$电流(A)=\frac{功率(W)}{电压(V)\times 功率因数\ \cos\varphi} \tag{2-2}$$

式中，功率是指整个日光灯用电器具的负荷功率，而不是其中某一部分的负荷功率。日光灯的负荷功率等于灯管的额定功率与整流器消耗功率之和；当日光灯没有电容器补偿时，其功率因数可取 0.5～0.6；有电容器补偿时，可取 0.85～0.9。

单相电动机：如洗衣机、电冰箱等含单相电动机的用电负荷，负荷电流可按下式计算

$$电流(A)=\frac{功率(W)}{电压(V)\times 功率因数\times 效率} \quad (2-3)$$

单相电动机的负荷功率应按输入功率计算，如洗衣机的负荷功率，等于整台洗衣机的输入功率，包括电动机的输出功率和铁芯及线圈损耗的功率，而不仅指洗衣机中电动机的输出功率。如果电动机铭牌上无功率因数和效率数据可查，则电动机的功率因数和效率都可取 0.75。

例如：一台吹风机，功率为 750W，正常工作时，它自电源吸取的电流为

$$\frac{750}{220\times 0.75\times 0.75}=6.06(A)$$

（2）家庭用电总负荷电流的计算

家庭用电总负荷电流不等于所有用电设备电流之和，而是要考虑这些用电设备的同时用电率。总负荷电流的计算公式为

总负荷电流＝用电量最大的一台家用电器的额定电流＋同时用电率×其余用电设备的额定电流之和

一般家庭同时用电率可取 0.5～0.8，家用电器越多，此值取得越小。

2. 家用配电板的布局设计

配电板的电气元件布局首先要遵循整齐、对称、整洁、美观等原则。家用配电板布局设计如图 2-33 所示。室外交流电源线通过进户装置进入室内，再通过电能表和配电装置将电能送至用电设备。配电装置一般由控制开关、短路和过载保护电器等组成，容量较大的还装有隔离开关。将电能表、控制开关、短路和过载保护电器（空气开关）安装在同一块配电板上。布局和接线时要遵循"横平、竖直、弯直角"的原则。

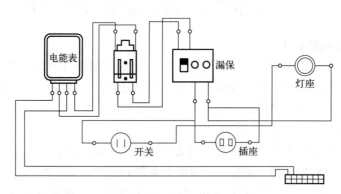

图 2-33 家用配电板布局设计

3. 家用配电板的安装接线

（1）制作家用配电板所需工具与材料

家用配电板电路电气元件清单见表 2-1。

表 2-1 家用配电板电路电气元件清单

器件名称	型号或参数	数量	器件名称	型号或参数	数量
漏电保护开关	DZ47LE 2P	1	墙壁插座		1
白炽灯	60W,螺口	1	墙壁开关		1

续表

器件名称	型号或参数	数量	器件名称	型号或参数	数量
螺口平灯座	250V/0.3A	1	闸刀开关	HK 1220V/15A	1
单相电能表	DD282	1	导轨	短	1
螺钉旋具	一字、十字	各1	端子排	6pin	1
万用表	MF47F	1	导线	铜线,1.0mm^2	若干
电工胶木板	800mm×500mm	1	剥线钳		1

（2）电能表的安装接线

单相电能表跳入式（单进单出）接线图如图 2-34 所示，单相电能表顺入式接线图如图 2-35 所示。

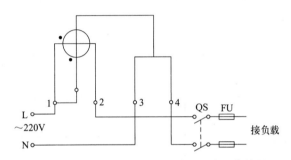

图 2-34　单相电能表跳入式（单进双出）接线图

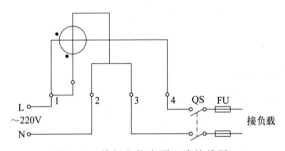

图 2-35　单相电能表顺入式接线图

（3）空气开关的安装接线

空气开关结构和接线图如图 2-36 所示。注意"上进下出"的接线方式。

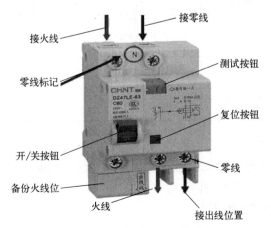

图 2-36　空气开关结构和接线图

4. 家用配电板的通电调试

检查电路接线并确认无误后，可以通电调试。调试时，需要将配电板电路垂直放置，依次合上闸刀开关、漏电保护开关（空气开关）与墙壁开关，则白炽灯发光，电能表运转。

二、白炽灯照明电路的设计、安装与调试

1. 白炽灯照明电路的设计、安装

白炽灯照明电路原理接线图如图2-37所示。火线L和零线N通过漏电保护开关LK接入，墙壁插座XS_1并联在火线和零线之间，接线时一定要遵循"左零、右火、上地"的原则。白炽灯L_1与墙壁开关QS_1串联后并联在火线和零线之间。在设计的时候，一定要注意开关控制火线的原则，这样在开关断开后，白炽灯上不会有交流电压，更换灯泡时不至于触电。

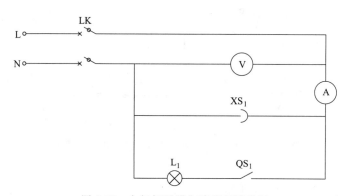

图 2-37　白炽灯照明电路原理接线图

2. 准备元器件并安装电路

（1）白炽灯照明电路所需元器件及仪表清单

白炽灯照明电路所需元器件及仪表清单见表2-2。

表 2-2　白炽灯照明电路所需元器件及仪表清单

器件名称	型号或参数	数量	器件名称	型号或参数	数量
漏电保护开关	DZ47LE 2P	1	墙壁插座		1
白炽灯	250V/60W，螺口	1	墙壁开关		1
螺口平灯座	250V/0.3A	1	导线	铜线，$1.0mm^2$	若干
电压表	T-19V	1	毫安表	T-19MA	1
螺钉旋具	一字、十字	1	剥线钳		1
验电笔	500V	1	万用表	MF47F	1
电工胶木板	800mm×500mm	1	导轨	短	1

（2）白炽灯照明电路安装

在电工胶木板或网孔板上安装上述电气元器件，注意元器件的平面布置要符合安全规范，并方便接线。接线时一定要遵循"左零、右火、上地""开关控制火线"等原则。

3. 白炽灯照明电路的通电调试

安装好的白炽灯照明电路经检查无误后，可以通电调试。通电的顺序是先合上漏电保护

开关 LK，然后合上墙壁开关 QS_1，将一单相负载，如电风扇或电烙铁插入墙壁插座 XS_1 中，检查灯泡是否发光，接入的负载是否工作。如灯泡不亮，单相负载没有工作，请断开漏电保护开关 LK 检查，可利用万用表的电阻挡检查电气元器件的好坏和电路的通断情况。

三、日光灯照明电路的设计安装与调试

1. 日光灯照明电路的设计

（1）日光灯照明电路的组成

日光灯照明电路由灯管、启辉器、镇流器等元器件组成。

（2）日光灯的工作原理

图 2-38 所示为日光灯的工作原理。日光灯管开始点燃时需要一个高电压，由人们平时所说的跳泡（启辉器）提供。闭合开关接通电源后，电源电压经镇流器、灯管两端的灯丝加在启辉器的"∩"形动触片和静触片之间，引起辉光放电。放电时产生的热量使得用双金属片制成的"∩"形动触片膨胀并向外伸展，与静触片接触，使灯丝预热并发射电子。在"∩"形动触片与静触片接触时，两者之间电压为零而停止辉光放电，"∩"形动触片冷却收缩并复原而与静触片分离，在动、静触片断开瞬间，在镇流器两端产生一个比电源电压高得多的感应电动势，这个感应电动势与电源电压串联后加在灯管两端，使灯管内惰性气体被电离而引起弧光放电。随着灯管内温度升高，液态汞汽化游离，引起汞蒸气弧光放电，产生肉眼看不见的紫外线，紫外线激发灯管内壁的荧光粉后，发出近似日光的可见光。

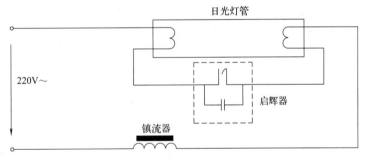

图 2-38 日光灯的工作原理

（3）日光灯照明电路的设计要求

认真阅读日光灯的工作原理图，完成日光灯照明电路在电工胶木板上的布局和接线设计，包括日光灯、开关、插座、漏电保护开关、熔断器。要求电路布局规范、简洁，各种电气符号使用正确。

2. 日光灯照明电路的安装

（1）日光灯照明电路所需元器件及仪表清单

日光灯照明电路所需元器件及仪表清单见表 2-3。

表 2-3 日光灯照明电路所需元器件及仪表清单

器件名称	型号或参数	数量	器件名称	型号或参数	数量
漏电保护开关	DZ47LE 2P	1	启辉器		1
日光灯管	T8 18W/765	1	导线	铜线，$1.0mm^2$	若干
日光灯架	AC 220V	1	剥线钳		1

续表

器件名称	型号或参数	数量	器件名称	型号或参数	数量
螺钉旋具	一字、十字	1	万用表	MF47F	1
导轨	短	1	电工胶木板	800mm×500mm	1
功率因数表	D26-cosφ	1	电容器	3.0μF	1
电压表	T-19V	1	毫安表	T-19MA	2
小型断路器	DZ47-63	1	墙壁开关		1

（2）日光灯接线装配方法

用导线把启辉器座上的两个接线桩分别与两个灯座的一个接线桩连接，一个灯座的另一个接线桩与镇流器的一个线头相连，镇流器的另一个线头与开关的一个接线桩连接，开关的另一个接线桩与另一个灯座的另一个接线桩连接。接线完毕后，把灯架安装好，旋上启辉器，插入灯管，如图 2-39 所示。

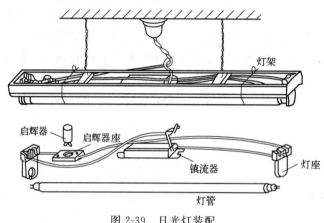

图 2-39　日光灯装配

思考与练习

1．在电梯电气施工过程中，开关的安装要求有哪些？安装流程有哪些步骤？
2．在电梯电气施工过程中，插座的安装要求有哪些？安装流程有哪些步骤？
3．在电梯电气施工过程中，照明灯具的安装要求有哪些？安装流程有哪些步骤？
4．在电梯电气施工过程中，吊扇的安装要求有哪些？安装流程有哪些步骤？
5．在电梯电气施工过程中，配电箱的安装要求有哪些？安装流程有哪些步骤？

单元三

常用室内配线

学习课题	课题一	电气施工阶段
	课题二	室内配线方式及原则
	课题三	线管配线
	课题四	线槽配线
	课题五	塑料护套线配线
	课题六	电缆桥架配线
学习目标	知识	了解线管配线的种类和用途 掌握各种配线施工程序及主要安装要求 掌握各种配线的质量控制要求 掌握常用室内配线竣工验收内容
	技能	线管、线槽明配和暗配
重点		线管配线的安装工艺及安装要求
难点		掌握各种配线的施工要求

课题一　电气施工阶段

【课题背景】　随着建筑电气工程标准与电气功能需求的不断提高，更多的高新技术产品和设备进入建筑领域，建筑电气工程的安装施工也朝着复杂化、高新技术化方向发展。建筑电气工程的安装施工可分为三个阶段，即施工准备阶段、施工安装阶段和竣工验收阶段。每个阶段都有不同的工作内容和操作规律，只有做好每一个阶段的工作，才能使建筑电气工程的安装施工达到高质量、高速度、高工效、低成本。

一、施工准备阶段

施工准备阶段是指工程施工前将施工必须的技术、物资、机具、劳动力及临时设施等方面的工作事先做好，以备正式施工所需。

1. 施工技术准备

① 熟悉和审查施工图。熟悉和审查施工图包括识读图纸了解设计意图，掌握设计内容

及技术条件，会审图纸。同时，还必须熟悉有关电气安装工程的施工及验收规范、技术规程、操作规程、质量检验评价标准等有关技术资料。

② 明确工程所采用的设备和材料。对施工图中选用的电气设备和主要材料等进行统计，做好备料工作。对采用的设备和材料，要考虑供电安全和经济、技术等指标。

③ 明确电气安装工程和主体工程及其他安装工程的交叉配合。明确各专业的配合关系，以便及早采取措施确定合理的施工方案。为防止破坏建筑物的强度和损害建筑物的美观，应尽量在土建时做好预埋、预留工作，同时还应根据规范要求考虑好与其他管线工程的关系，避免施工时发生位置冲突而造成返工。

④ 编制施工方案。在全面熟悉施工图的基础上，依据图纸并根据施工现场实际情况、技术力量及技术准备，编制出合理的施工方案。

⑤ 编制施工预算。按照施工图中的工程量、施工组织设计（或施工方案）拟定的施工方法，参照建筑工程预算定额和有关施工费用规定，编制出详细的施工预算。施工预算可以作为备料、供料、编制各项具体计划的依据。

⑥ 进行技术交底。工程开工前，由设计部门、施工部门和业主等多方技术人员参加的技术交底是施工准备工作不可缺少的一个重要步骤，是施工企业技术管理的一项重要内容，也是施工技术准备的一项重要措施。

2. 施工现场准备

最基本的准备是"三通一平"及施工用房设置完成。

3. 物资、机具准备

根据工程性质、工期等因素准备所需物资和机具。

4. 劳动力准备

根据工程内容及要求合理搭配技术人员和施工人员，合理调整相关专业人员。

5. 季节施工准备

为了保证施工质量、人身安全、物资器材安全，必须有防盗、防雨、防雪、防毒、防潮、防寒、防晒等措施。

二、施工安装阶段

建筑电气工程的施工安装是建筑电气设计的实施和实现过程，是对设计的再创造和再完善过程。施工图是建筑电气工程施工安装的主要依据，施工安装相关规范是施工技术的法律性文件。

1. 主要工作

配合土建和其他施工单位施工；预埋电缆电线保护管和支持固定件；预留安装设备所需孔洞；固定接线盒、灯位盒及电器底座；安装电气设备等。

随着土建工程的进展，逐步进行设备安装、线路敷设、单体检查试验。

2. 安装工序

① 主要设备、材料进场验收。确认合格证明文件，并进行外观检查，以消除运输保管中的缺陷。

② 配合土建工程预留预埋。预留安装用孔洞，预埋安装用构件及暗敷线路用导管。

③ 检查并确认土建工程是否符合电气施工安装的条件。包括电气设备的基础、电缆沟、电缆竖井、变配电所的装饰装修等是否符合电气施工安装的条件。同时，确认日后土建工程收尾工作不会影响已完成的电气安装施工质量。

④ 电气设备就位固定。按设计位置组合高低压电气设备，并对开关柜等的内部接线进行检查。

⑤ 导管、桥架等贯通。按设计位置配管、敷设桥架，确保各电气设备或器具贯通。

⑥ 电线穿管、电缆敷设、封闭式母线安装。供电用、控制用线路敷设到位。

⑦ 电器、电缆、封闭式母线绝缘检查并与设备器具连接。高低压电气设备和用电设备电气部分接通；安装施工要与装饰装修工程配合，随着低压器具逐步安装而完成连接。

⑧ 做电气交接试验。高压部分有绝缘强度和继电保护等试验项目，低压部分主要是绝缘强度试验。试验合格，则具备受电、送电试运行条件。

⑨ 电气试运行。空载状态下，操作各类控制开关，带电无负荷运行应正常。照明工程可带负荷试验灯具照明是否正常。

⑩ 负荷试运行。与其他专业联合进行。试运行前，要视工程具体情况决定是否要联合编制负荷试运行方案。

3. 施工要点

① 使用的设备、器具、材料的规格和型号符合设计文件要求，不能用错。
② 依据施工图设计的位置固定电气设备、器具和敷设线路系统，且固定牢固可靠。
③ 确保导线连接及接地连接的连接处紧固不松动，保持良好的导通状态。
④ 坚持"先交接试验，后通电运行，先模拟动作，后通电启动"的基本原则。
⑤ 做到通电后的设备、器具、线路系统有良好的安全保护措施。
⑥ 保持施工记录的形成与施工进度基本同步，保证记录的准确性和记录的可追溯性。

4. 电气工程安装施工外部配合

① 与材料和设备供应商的衔接。
② 与土建工程配合是电气工程安装施工程序的首要安排。
③ 与建筑设备安装工程其他专业施工单位的配合。

三、竣工验收阶段

工程质量验收是指在建筑工程施工单位自行质量检查评定的基础上，参与建设活动的有关单位共同对检验批、分项、分部、单位工程的质量进行抽样复检，根据相关标准以书面形式对工程质量达到合格标准与否做出确认。

1. 工程质量验收的程序

工程质量验收应在施工单位自行质量检查评定的基础上，按施工顺序进行——检验批→分项工程→分部工程→单位工程，不能漏项。每项都应坚持实测。

2. 工程质量验收的方法

（1）检验批质量验收

检验批是指按统一的生产条件或按规定的方式汇总起来供检验用的，由一定数量的样本组成的检验体。检验批是构成工程质量验收的最小单位，是判定单位工程质量合格的基础。检验批质量验收记录见表3-1。

表 3-1 检验批质量验收记录

工程名称		分项工程名称		验收部位	
施工单位			专业工长	项目经理	
施工执行 标准名称及编号					
分包单位		分包项目经理		施工班组长	
	质量验收 规范的规定	施工单位检查评定记录			监理（建设） 单位验收记录
主控项目	1				
	2				
	3				
	4				
	5				
	6				
	7				
一般项目	1				
	2				
	3				
	4				
施工单位 检查结果评定	项目专业质量检查员 年　月　日				
监理（建设） 单位验收结论	监理工程师（建设单位项目专业负责人） 年　月　日				

（2）分项工程质量验收

分项工程质量合格应符合下列要求：分项工程所含的检验批均应符合合格质量的规定；分项工程所含的检验批质量验收记录完整。分项工程质量验收记录见表 3-2。

表 3-2　分项工程质量验收记录

工程名称		结构类型		检验批数	
施工单位		项目经理		项目技术负责人	
分包单位		分包单位负责人		分包项目经理	
序号	检验批部位、区段	施工单位检查评定结果		监理(建设)单位验收结论	
1					
2					
3					
4					
5					
6					
7					
8					
9					
10					
检查结论	项目专业技术负责人 年　月　日		验收结论	监理工程师 (建设单位项目专业技术负责人) 年　月　日	

（3）分部（子分部）工程质量验收

分部（子分部）工程质量合格应符合下列要求：所含分项工程的质量验收全部合格；各分项验收记录内容完整，填写正确，收集齐全；质量控制资料完整；有关安全及功能的检验和抽样检测应符合有关规定；观感质量验收应符合规定。

分部（子分部）工程质量应由总工程师（建设单位项目专业负责人）组织施工项目经理和有关勘察、设计单位项目负责人进行验收，并按表 3-3 记录。

表 3-3　_____分部（子分部）工程验收记录

工程名称			结构类型		层数	
施工单位			技术部门负责人		质量部门负责人	
分包单位			分包单位负责人		分包技术负责人	
序号	分项工程名称		施工单位评定		验收意见	
1						
2						
3						
4						
5						
6						
7						
质量控制资料						
安全和功能检验(检测)报告						
观感质量验收						
验收单位	分包单位		项目经理 年　月　日			
	施工单位		项目经理 年　月　日			
	勘察单位		项目负责人 年　月　日			
	设计单位		项目负责人 年　月　日			
	监理(建设)单位		总监理工程师 (建设单位项目负责人) 年　月　日			

（4）单位（子单位）工程质量验收

单位（子单位）工程质量验收合格应符合下列要求：单位工程所含分部工程质量均应验收合格，记录内容完整、填写正确、收集齐全；质量控制资料应完整；单位工程所含分部工程有关安全和功能检测资料应完整；主要功能项目的抽查结果应符合相关专业质量验收规范的规定；观感质量验收应符合要求。

3. 建筑电气工程竣工验收

单位工程完工后，施工单位应组织自检，自检合格后应报请监理单位进行工程预验收。预验收通过后向建设单位提交工程竣工报告并填写《单位（子单位）工程质量竣工验收记录》。建设单位应组织设计单位、监理单位、施工单位等相关人员进行工程质量竣工验收并记录，验收记录上各单位代表必须签字并加盖公章。

课题二　室内配线方式及原则

【课题背景】　室内配线（敷设）是电气工程施工中的重要内容。配线的方式很多，其施工工艺、安装要求、价格、特点和适用场合均有很大不同，选择不当或施工不规范都会给使用者带来不便，甚至会危及生命，如引起火灾和触电等，故了解各种配线的施工工艺，掌握各种配线的施工要求是很重要的。

一、室内配线的方式

在建筑物内部配线统称为室内配线，也称室内配线工程。

导线沿墙壁、天花板、桁架及梁柱等布线称为明线敷设，导线埋设在墙内、地坪内和装设在顶棚内等布线称为暗线敷设。

二、室内配线的原则

笔记

室内配线的原则是既要安全可靠、经济方便，又要布局合理、整齐、牢固。

① 所用导线的额定电压应大于线路的工作电压，导线的绝缘等级应符合线路的安装方式和敷设地点的环境条件，导线的截面应满足发热和机械强度的要求。不同配线方式导线线芯的最小截面见表3-4。

表3-4　不同配线方式导线线芯的最小截面

配线方式			线芯最小截面/mm^2		
			铜芯软线	铜线	铝线
敷设在室内绝缘支持件上的裸导线			—	2.5	4.0
敷设在绝缘支持件上的绝缘导线，其支持点间距离为L/m	$L \leqslant 2$	室内	—	1.0	2.5
		室外	—	1.5	2.5
	$2 < L \leqslant 6$		—	2.5	4.0
	$6 < L \leqslant 12$		—	2.5	4.0
穿管敷设的绝缘导线			1.0	1.0	2.5
槽板内敷设的绝缘导线			—	1.0	2.5
塑料护套线明敷			—	1.0	2.5

② 配线时应尽量避免有导线接头。护套线，槽板、管内配线不应有接头，若需要接头，应在接线盒、灯头盒内。

③ 在建筑物内明敷线路时应平行或垂直敷设，平行敷设的导线距离地面一般不小于 2.5m，垂直敷设的导线距地面不小于 2m，否则导线应穿管保护，以防机械损伤。

④ 导线穿墙时，应加装保护管，保护管伸出墙面的长度应不小于 10mm，并保持一定的倾斜度。

⑤ 电气线路在经过建筑物、构筑物的沉降缝或伸缩缝处，应装设两端固定的补偿装置，导线应留有余量。

⑥ 电气线路与其他管道、设备之间的最小距离应符合表 3-5 的规定。

表 3-5　电气线路与其他管道、设备之间的最小距离　　　　　　　　　　m

类别	管线与设备名称	管内导线	明敷绝缘导线	裸母线	滑触线
平行	煤气管	0.1	0.1	0.1	0.5
	乙炔管	0.1	0.1	2.0	3.0
	氧气管	0.1	0.1	0.1	1.5
	蒸气管	1.0/0.3	1.0/0.3	0.1	0.1
	暖水管	0.3/0.2	0.3/0.2	0.1	0.1
	通风管	—	0.1	0.1	0.1
	上下水管	—	0.1	0.1	0.1
	压缩空气管	—	0.1	0.1	0.1
	工艺设备	—	—	1.5	1.5
交叉	煤气管	0.1	0.3	0.5	0.5
	乙炔管	0.1	0.5	0.5	0.5
	氧气管	0.1	0.3	0.5	0.5
	蒸气管	0.3	0.3	0.5	0.5
	暖水管	0.1	0.1	0.5	0.5
	通风管		0.1	0.5	0.5
	上下水管		0.1	0.5	0.5
	压缩空气管		0.1	0.5	0.5
	工艺设备	—	—	1.5	1.5

⑦ 配线工程采用的管卡、支架、吊钩、拉环和盒（箱）等黑色金属附件，均应镀锌或涂防锈漆。

⑧ 配线施工中，非带电金属部分的接地和接零应可靠。

⑨ 当配线采用多相导线时，其相线的颜色应易于区分，相线与零线的颜色应不同，同建筑物、构筑物内的导线，其颜色应统一；保护接地（PE 线）应采用黄绿颜色相间的绝缘导线；零线宜采用淡蓝色绝缘导线。

⑩ 配线施工完成后，应进行各回路的绝缘检查，绝缘电阻值应符合现行国家标准《电气装置安装工程电气设备交接试验标准》（GB 50150—2016）的有关规定，并应做好记录。

课题三　线管配线

【课题背景】　线管配线是指把绝缘导线穿在管内敷设。线管配线是多种配线中用得最多的一种配线方式，线管配线可避免导线被腐蚀性气体侵蚀和遭受机械损伤，安全可靠并便于更换导线。线管配线的种类很多，故适用于强电、弱电领域，也适用于高温、高压、寒冷、潮湿等特殊场所。

一、线管配线的种类

线管配线按敷设方式，分为明配和暗配两种，明配的原则为横平竖直，暗配的原则为管路短、弯头少。

二、线管配线的一般规定

① 埋入墙体和混凝土内的线管，离表面层的净距应不小于 15mm，塑料线管在砖墙内剔槽敷设时，必须用强度等级不小于 M10 的水泥砂浆抹面保护，其厚度不小于 15mm。

② 明、暗敷设的线管应配备相应的明、暗配件，如接线盒、开关盒及灯头盒等，并应保持材质一致。暗、明装开关盒，插座接线盒及暗装灯头盒如图 3-1 所示。

(a)暗装开关盒、插座接线盒　(b)明装开关盒、插座接线盒　(c)暗装灯头盒

图 3-1　暗、明装开关盒，插座接线盒及暗装灯头盒

③ 进入灯头盒、开关盒及插座接线盒的线管数量不宜超过 4 根，否则应选用大型盒。

④ 地下暗配线管，不得穿越设备基础，若必须穿过基础，应设置套管进行保护。

⑤ 线管敷设时应尽量避开采暖沟、电信管沟等各种管沟。

⑥ 敷设在多尘或潮湿场所的线管，管口及各连接处均应密封。

⑦ 被隐蔽的接线盒和线管的连接及敷设，需先经施工验收并合格后方可进行。

⑧ 在 TN-S、TN-C-S 系统中，由于有专用的保护接地（PE），可以不必利用金属线管做保护接地或保护接零。用作保护接地或保护接零的线管壁厚应不小于 2mm，且线管与零线或地线有可靠的电气连接。

三、金属管配线

1. 金属管暗配线

金属管暗配线的施工工艺、方法和要点包括以下 9 个方面。

（1）管材选择

施工时，应按施工图设计要求选择管子类型及规格。管子选择时应注意壁厚均匀，无劈裂、砂眼、棱刺和凹扁缺陷，并应有产品质量证明书。

（2）管子切割

配线前根据图纸要求的实际尺寸将线管切断，大批量的线管切断时，可以利用纤维增强砂轮片切割，操作时用力要均匀、平稳，不能用力过猛，以免砂轮崩裂。

（3）管子套螺纹

套螺纹一般采用套螺纹板来进行。套螺纹时，先将管子固定在台虎钳或龙门压架上并钳紧，根据管子的外径选择好相应的板牙，将绞板轻轻套在管端，调整绞板的 3 个支撑脚，使其紧贴管子，这样套螺纹时不会出现斜螺纹。调整好绞板后，手握绞板，平稳向里推，套上 2～3 扣后，再站到侧面，按顺时针方向转动套螺纹板，开始时速度应放慢，应注意用力均匀，以免发生偏螺纹、啃螺纹的现象。螺纹即将套成时，轻轻松开扳机，退出套螺纹板。管径小于 SC20 的管子应分两板套成，管径大于或等于 SC25 的管子应分三板套成。管子套螺纹如图 3-2 所示。

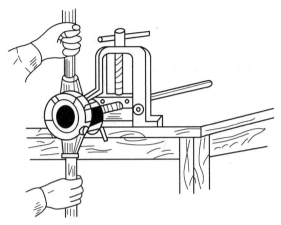

图 3-2　管子套螺纹

（4）管子弯曲

管径小于 SC20 的管子，可用手扳弯管器弯管，见图 3-3。操作时，先将管子需要弯曲的部位的前段放在手扳弯管器内，管子的焊缝放在弯曲方向的背面或旁边，以防管子弯扁。然后用脚踩住管子，扳手扳弯管器柄，用力不要过猛，各点的用力尽量均匀一致，且移动手扳弯管器的距离不能太大。

管径在 SC25 及以上的管子应使用液压弯管器弯管，根据线管需弯成的弧度选择相应的模具并将管子放入模具内，使管子的起弯点对准液压弯管器的起弯点，然后拧紧夹具，弯出所需的弯度。弯管时使管子外径与弯管模具紧固，以免出现凹瘪现象。

焊接钢管也可采用热煨法弯管。煨管前将管子一端堵住，灌入事先准备好的干沙子，并随灌随敲打管壁，要灌满时，将另一端堵住，如图 3-4 所示。煨管时将管子放在火上加热，烧红后煨出所需的角度，随煨随浇冷却液。热煨法应掌握好火候。

图 3-3　手扳弯管器弯管

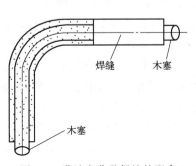

图 3-4　灌沙弯曲及焊缝的配合

(5) 管子连接

① 线管与线管套螺纹加管接头连接，如图 3-5 所示。

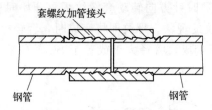

图 3-5　套螺纹加管接头连接

② 线管与线管套管加管焊接连接，如图 3-6 所示。

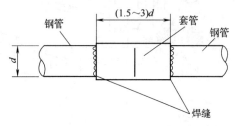

图 3-6　套管加管焊接连接

③ 线管与线管套管加紧定螺钉连接，如图 3-7 所示。

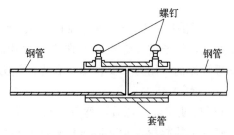

图 3-7　套管加紧定螺钉连接

④ 线管与线管卡接。

⑤ 钢管和接线盒连接，如图 3-8 所示。

⑥ 管盒焊接。将管子插入盒中，用电焊焊住，注意插入长度不小于 5mm。管盒焊接一般适用于电线管和钢管暗配线。

(6) 管子敷设

① 砖墙内钢管敷设。钢管在砖墙内敷设可以随土建工程砌砖时预埋，也可在砖墙上留槽或剔槽。钢管在砖墙内固定时，可先在砖缝里打入木楔，在木楔上钉钉子，用铁丝将钢管绑扎在钉子上，再将钉子打入，使钢管充分嵌入槽内；也可用水泥钉直接将钢管固定在槽内。直线段固定点的间距应不大于 1m，进入开关盒等处应不小于 100mm。

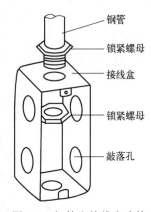

图 3-8　钢管和接线盒连接

② 现浇混凝土墙和柱内线管敷设。墙体内线管应在两层钢筋网中沿最近的路线敷设，并沿钢筋内侧进行绑扎固定，墙体内管线敷设如图 3-9 所示。

柱内线管应与柱主筋绑扎固定，当线管穿过柱时，应适当加筋，以减小暗配管对结构的

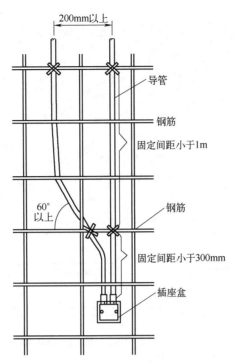

图 3-9 墙体内线管敷设

影响。柱内线管需与墙连接时,伸出柱外的短管不要过长,以免碰断。线管穿外墙时应加套管保护,开关盒在混凝土墙、柱中固定如图 3-10 所示。

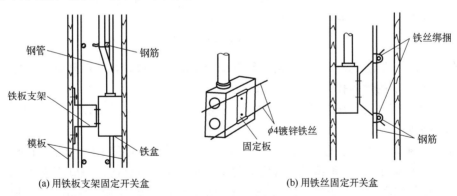

(a) 用铁板支架固定开关盒　　　　(b) 用铁丝固定开关盒

图 3-10 开关盒在混凝土墙、柱中固定

③ 现浇混凝土顶板内线管敷设。钢管在现浇混凝土顶板内暗敷时,应在支好的模板上确定好灯、开关、插座盒的位置,待土建工程下层筋绑好而上层筋未铺设时敷设盒、管,并加以固定。钢管在现浇混凝土中暗敷设如图 3-11 所示。管盒连接及在现浇混凝土顶板中固定的方法如图 3-12 所示。在施工中应注意顶板中的盒廊应封堵严密,顶板中的管子直径不大于混凝土顶板厚度的 1/2,并行的管子间距应不小于 25mm。

④ 梁内线管敷设。线管的敷设应尽量避开梁,若不可避免,具体要求为线管竖向穿梁时,应选择从梁内受剪力、应力较小的部位穿过;当线管较多时,需并排敷设,且管间的距离应不小于 25mm,同时应与土建施工方协商适当加筋。线管横穿时,也应选择从梁内受剪力、应力较小的部位穿过。线管横向穿梁时,线管距梁底距离不小于 50mm,且管接头尽量

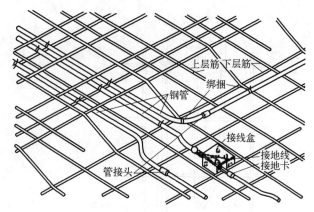

图 3-11 钢管在现浇混凝土中暗敷设

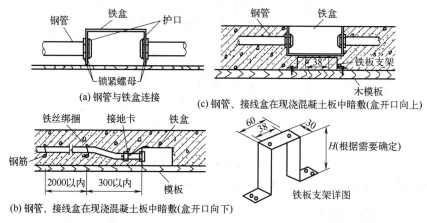

图 3-12 管盒连接及在现浇混凝土顶板中固定的方法

避免放在梁内。灯头盒需设置在梁内时,线管应沿梁的中部敷设,并可靠固定,线管可弯成 90°并从灯头盒顶部的散落孔进入。

⑤ 地面下线管敷设。线管在地面下敷设,应根据施工图设计要求及土建测出的标高,确定线管的路线。

⑥ 混凝土砌块墙内线管敷设。施工中除配电箱应根据施工图进行定位预埋外,其余线管的敷设应在墙体砌好后,根据预先确定好的位置和路径进行剔凿,但应注意剔的洞和槽不得过大,剔槽的宽度应不大于管外径加 15mm,槽深不小于管外径加 15mm,管外侧的保护层厚度应不小于 15mm。

⑦ 建筑物吊顶内线管敷设。先将建筑物吊顶上的灯位及其他器具位置放样,且与土建及各专业相关人员商定后方可在吊顶内配管。吊顶内线管敷设一般在龙骨装配完成后进行,并在顶板安装前完工。吊顶内配管应根据电器在吊顶上的位置确定管子部位。当敷设直径为 25mm 及以下管子时,可利用吊装卡具在轻钢龙骨的吊杆和主龙骨上敷设,如图 3-13 所示,吊顶内管子管径较大或并列管子数量较多时,应由楼板顶部或梁上固定支架或吊杆直接吊挂配管。

(7) 跨接地线焊接

钢管与钢管、钢管与接线盒及配电箱套螺纹连接后,为保证钢管之间的良好电气连接,钢管与钢管、钢管与接线盒及配电箱都要跨接地线。如果是镀锌钢管,不能用电焊焊接,可

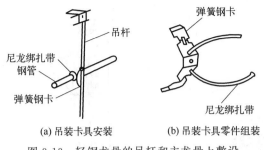

图 3-13 轻钢龙骨的吊杆和主龙骨上敷设

用截面积为 4~6mm² 的铜导线进行气焊和锡焊,也可用地线夹、螺钉、管卡等进行压接,跨接地线如图 3-14 所示。

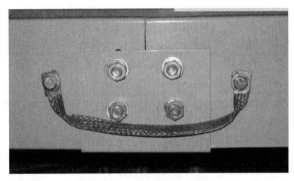

图 3-14 跨接地线

(8) 管子防腐

在各种砖墙内敷设的线管,应在跨接地线的焊接部位、螺纹连接的焊接部位刷防腐漆。埋入土层和防腐蚀性垫层(如焦渣层)内的线管应在其周围打 50mm 的混凝土保护层进行保护,如图 3-15 所示。直埋入土壤中的钢管也可刷沥青油漆进行保护。

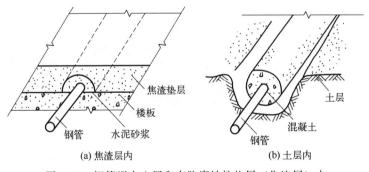

图 3-15 钢管埋在土层和有防腐蚀性垫层(焦渣层)内

(9) 管子穿线

穿线前,应选择好导线的型号、规格、颜色等,清扫管路,然后进行放线。手工放线如图 3-16 所示。管子穿线要求如下。

① 导线穿好后,应留有适当余量,一般在盒内留线长度不小于 0.15m,箱内留线长度为盒的半周长,出户线处导线预留 1.5m,以便日后接线。

② 穿在管内的导线不得有扭结,以免妨碍日后的检修、换线工作。不能有接头,若必

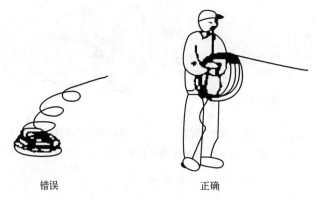

图 3-16 手工放线

须有接头时,应在接线盒内。

③ 管内导线总截面积(包括外护层)应不超过管子截面积的 40%。

在同一根线管内有几个回路时,所有绝缘导线和电缆都要有与最高电压回路绝缘等级相同的绝缘等级。

穿金属管的交流线路为了避免涡流效应,应将同一回路的所有相线及中性线穿于同一根金属管内。

④ 不同回路、不同电压、直流和交流回路不应穿于同一根管内,但下列情况除外:电压为 65V 及以下的回路;同一设备或同一联动系统设备的电力回路;无防干扰要求的控制回路;同类照明的几个回路。管内导线根数不应多于 8 根(住宅除外)。

2. 金属管明配线

(1) 工艺流程

金属管明配线工艺流程如下。

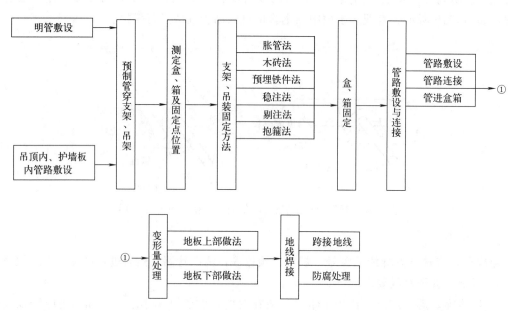

(2) 施工方法和要点

① 管弯、支架、吊架预制加工。明配线管的弯曲半径一般应不小于管外径的 6 倍。若

只有一个弯，可不小于管外径的 4 倍。加工方法可采用冷煨法和热煨法。支架和吊架应按施工图设计要求进行加工。若无设计规定，应符合下列规定：扁钢支架 30mm×30mm；角钢支架 25mm×25mm×3mm；埋设支架应有燕尾，埋设深度不小于 120mm。

② 测定盒、箱及固定点位置。根据设计首先测出盒、箱和出线口的具体位置，然后把线管的垂直、水平走向弹出线来，按照安装标准规定的固定点距离的尺寸要求，计算确定支架、吊架的具体位置。固定点的距离应均匀，管卡与终端、转弯中点、电气器具或接线盒边缘的距离为 150～500mm。

③ 支架、吊架固定。支架、吊架的固定常用胀管法、预埋铁件法、木砖法、抱箍法等，钢管固定方法如图 3-17 所示。由地面引出线管至明箱时，可直接将线管焊在角铁支架上；采用定型盘、箱，需在盘、箱下侧 100～150mm 处加稳固支架，将线管固定在支架上。

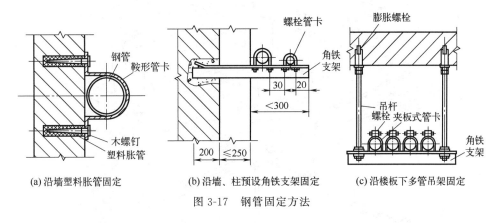

图 3-17　钢管固定方法

④ 线管敷设。水平和垂直敷设允许有偏差值，线管长在 2m 以内时，偏差为 3mm，偏差应不超过管子内径的 1/2。线管进入开关盒、灯头盒等接线盒孔内时，在距离接线盒 300mm 处，应用管卡将管子固定。钢管在拐角时，应使用弯头、接线盒或转角盒，如图 3-18 所示。线管敷设的其他要求及线管连接、线管穿线与线管暗敷相同。

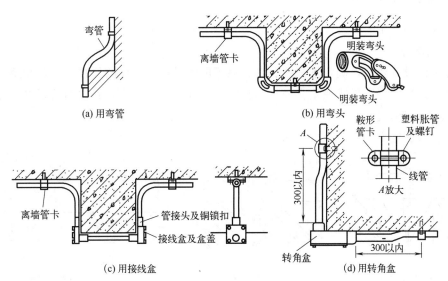

图 3-18　明敷钢管拐角方法

课题四 线槽配线

【课题背景】 线槽配线的特点是干净、整齐、敷线多、施工方便、零配件齐全,最大的优点是检修方便。线槽按材质可分为塑料线槽和金属线槽。塑料线槽价格低廉、轻便、加工方便、防腐蚀能力强,金属线槽机械强度好、耐热能力强、不易变形、坚固耐用。线槽按敷设方式可分为明敷和暗敷。在简易的工棚、仓库或临时用房等处大多采用塑料线槽明敷;在吊顶、竖井、电梯井道等场所一般采用金属线槽明敷;在大型商场或大开间办公室的地面大多采用地面金属线槽,地面金属线槽安装如图 3-19 所示。

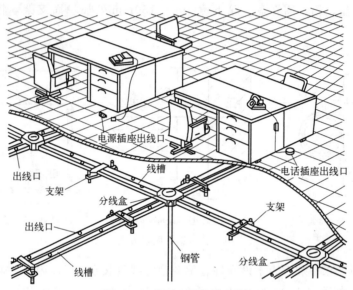

图 3-19 地面金属线槽安装

一、塑料线槽明敷

塑料线槽明敷施工工艺、方法和要点包括以下 4 个方面。

1. 弹线定位

按施工图设计要求,确定进户线、盒、箱等电气设备固定点的位置,从始端至终端(先干线、后支线)找好水平线或垂直线,用粉线袋在线路中心弹线,并按相关要求均分距离。

2. 线槽底板固定

线槽底板固定方法如图 3-20 所示。

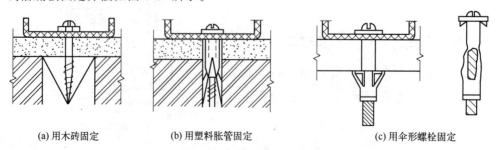

图 3-20 线槽底板固定方法

(1) 用木砖固定线槽

配合土建施工时预埋木砖，加砌砖墙时或砖墙在剔洞后埋木砖，木砖削成梯形，梯形木砖较大的一面应朝向洞里面，外表面应与建筑物的表面齐平，然后用水泥砂浆抹平，待凝固后，再将线槽底板用木螺钉固定在木砖上。用木砖固定如图 3-20（a）所示。

(2) 用塑料胀管固定线槽

砖墙或混凝土墙可采用塑料胀管固定线槽。根据胀管直径选择钻头，在标出的固定点位置上钻孔，垂直钻好孔后，将孔内残存的杂物清干净，用木锤将塑料胀管垂直敲入孔中，并与建筑物表面齐平，用木螺钉加垫圈将线槽底板固定在建筑物表面上。用塑料胀管固定如图 3-20（b）所示。

(3) 用伞形螺栓固定线槽

在石膏板墙或其他护板墙上，可采用伞形螺栓固定塑料线槽。根据排线定位的标记，找出固定点位置，将线槽的底板横平竖直地紧贴建筑物的表面，钻好孔后，将伞形螺栓的两伞叶掐紧合拢插入孔中，待合拢伞叶自行张开后，再用螺母紧固即可。用伞形螺栓固定如图 3-20（c）所示。伞形螺栓还可反过来固定，让露出来的多余螺栓固定在线槽内，但露出部分应加套塑料管，以免损坏导线。

3. 线槽内布线

(1) 线槽内导线要求

线槽内电线或电缆的总截面积（包括外护层）应不超过线槽内截面积的 20%，载流导线不宜超过 30 根（控制、信号等线路可视为非载流导线）。

(2) 线槽内强、弱电线路要求

强、弱电线路不应同时敷设在同一线槽内，同一路径无抗干扰要求的线路可以敷设在同一线槽内。

(3) 线槽内不得有接头

电线、电缆在塑料线槽内不得有接头，导线的分支接头应在接线盒内。从室外引进室内的导线在进入墙内的一段应使用橡胶绝缘导线，严禁使用塑料绝缘导线。

4. 线槽盖板

塑料线槽的盖板大多为卡式盖板，盖前应理平、理顺槽内导线，然后盖上盖板。盖板要平整并卡实，线槽终端应做封堵处理。塑料线槽安装如图 3-21 所示。

二、金属线槽明敷

金属线槽明敷施工工艺、方法和要点包括以下 6 个方面。

1. 线槽选择

金属明装线槽一般由 0.4～1.5mm 厚的钢板压制而成。金属线槽内外应光滑平整，无棱刺、扭曲和变形现象。金属线槽及附件应采用表面进行过镀锌或静电喷漆的定型产品，其规格和型号应符合设计要求，并有产品合格证等。

2. 弹线定位固定支架

金属线槽安装形式有沿墙和支架两种。沿墙敷设测量定位与塑料线槽相同。当采用支架安装时，吊点和支架支持点的距离应根据工程具体条件确定，一般在直线段固定点间距应不大于 3m，在线槽的首端、终端、分支、转角、接头及进出接线盒处应不大于 0.5m。

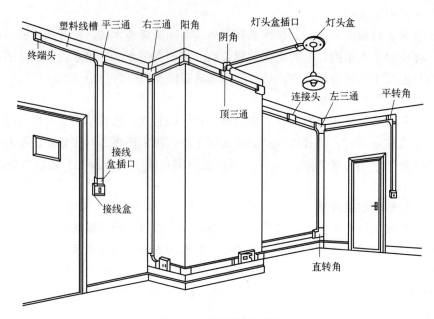

图 3-21 塑料线槽安装

3. 线槽安装

（1）金属线槽在墙上安装

可采用 M8×35 半圆头木螺钉配塑料胀管的安装方式施工，塑料胀管可根据线槽宽度选用 1 个或 2 个，如图 3-22 所示。

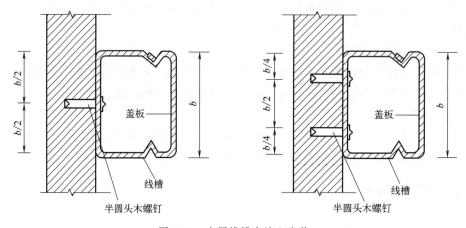

图 3-22 金属线槽在墙上安装

（2）金属线槽在吊顶内安装

吊杆可用膨胀螺栓与建筑构件固定。当在钢结构上固定时，可进行焊接固定，也可以使用万能吊具在角钢、槽钢、工字钢等钢结构上进行安装。

4. 线槽连接

线槽直线段连接应采用镀锌或刷消防涂料的连接板。直线段线槽连接如图 3-23 所示。金属线槽的宽度在 100mm 以内（含 100mm），两段线槽连接板连接处，每端螺钉固定点不少于 4 个；宽度在 200mm 以上（含 200mm），两段线槽连接板连接处，每端螺钉固定点不少于 6 个。若线槽需要伸缩，应做可动连接，其方法是连接孔开长孔，但连接处应做跨接线。

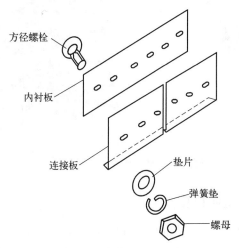

图 3-23 直线段线槽连接

5. 线槽接地

线槽的所有导电部分均应相互连接，使之成为一体，构成电气通路，采用两处以上与 PE 线相连的方法做整体接地。

6. 线槽内布线

① 金属线槽在配线前，应清除线槽内的积水和杂物。

② 穿线时，在金属线槽内不宜有接头，但在易于检查（可拆卸盖板）的场所，允许在线槽内有分支接头。电线、电缆和分支接头的总截面积（包括外护层）应不超过线槽内截面积的 75%；在不易拆卸盖板的线槽内，导线的接头应置于线槽的接线盒内。

③ 当设计无规定时，电力线路包括绝缘层在内的导线总截面积应不大于线槽截面积的 60%，控制、信号或与其相类似的线路，电线或电缆的总截面积应不超过线槽内截面的 50%，电线或电缆根数不限。

④ 同一回路的相线和中性线，应敷设于同一金属线槽内，但同一电源的不同回路无抗干扰要求的线路可敷设于同一线槽内。

⑤ 在金属线槽垂直或倾斜敷设时，应采取措施防止电线或电缆在线槽内移动，造成绝缘损坏、拉断导线或拉脱拉线盒（箱）内导线。

⑥ 引出金属线槽的线路，应采用镀锌钢管或普利卡金属套管连接，不宜采用塑料管与金属线槽连接。线槽的出线口应位置正确、光滑、无毛刺。引出金属线槽的配管管口处应有护口，电线或电缆在引出部分不得遭受损伤。

课题五　塑料护套线配线

【课题背景】 塑料护套线是一种具有塑料护层的双芯或多芯绝缘导线，如图 3-24 所示。塑料护套线有软线、硬线之分。塑料护套线具有防潮和耐腐蚀性能，且绝缘性能好、施工简便、造价低，硬线大多适用于建筑物室内照明线路明敷，软线一般作为家用电器的电源引线。

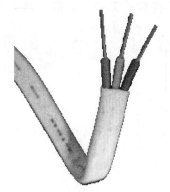 

图 3-24 双芯或多芯塑料护套线

一、塑料护套线配线施工工艺

塑料护套线配线施工工艺、方法和要点包括以下三个方面。

1. 画线定位

塑料护套线的敷设应横平竖直。敷设导线前,先用粉线袋按照设计需要弹出正确的水平线和垂直线。先确定起始点的位置,再按塑料护套线截面的大小每隔 150~200mm 画出线卡的固定位置。导线在距终端、转弯中点、电气设备或接线盒边缘 50~100mm 处都要设置线卡进行固定。

2. 放线

放线是保证塑料护套线敷设质量的重要一步。整盘塑料护套线不能搞乱,不可使线产生扭曲;放出的线不可在地上拖拉,以免擦破或弄脏导线的护套层。导线放完后先放在地上,量好尺寸并留有一定余量后剪断。

3. 固定线卡及敷设导线

护套线的固定方法包括铝片卡固定、塑料钢钉固定卡固定、可调固定夹固定及黏结剂粘贴。常用固定线卡如图 3-25 所示。

(a) 铝片卡　　(b) 塑料单钉固定卡　　(c) 塑料双钉固定卡　　(d) 可调固定夹

图 3-25 常用固定线卡

二、塑料护套线配线要求

① 塑料护套线不应直接敷设在抹灰层、吊顶、护墙板、装饰面内,室外受阳光直射的场所不应明配塑料护套线。

② 护套线宜在平顶下 50mm 处沿建筑物表面敷设;多根导线平行敷设时,一个线卡最多夹 3 根双芯塑料护套线。

③ 塑料护套线之间应相互靠紧,穿过梁、墙、楼板,跨越线路,塑料护套线交叉时,都应套保护管,塑料护套线交叉时保护管应套在靠近墙的一根导线上。

④ 塑料护套线穿越楼板时，应加钢管保护，其高度距地面不低于 1.8m。若是在装设开关的地方，可延伸到开关所在位置。

⑤ 塑料护套线的弯曲半径应不小于其外径的 3 倍，弯曲处护套和线芯绝缘层应完整无损。

课题六　电缆桥架配线

【课题背景】　目前，高层建筑越来越多，用电设备越来越密集，电缆输送电能的机会大大增加，采用电缆桥架配线是比较合适的配线方式。电缆桥架结构简单，安装快速灵活，维护方便，桥架的主要配件均实现标准化、系列化、通用化，易于配套使用。电缆桥架及配件通过氯磺化聚乙烯防腐处理，具有耐腐蚀、抗酸碱等性能。电缆桥架的种类很多，若按结构，可分为梯级式、托盘式、槽式、组合式和封闭式；若按材料，可分为钢制桥架、铝合金桥架和玻璃钢制桥架等；若按镀锌情况，可分为镀锌桥架和非镀锌桥架。电缆桥架适用面非常广，如电气竖井、架空层、设备层、变配电室及走廊、顶棚等都比较适合采用。电缆桥架配线如图 3-26 所示。

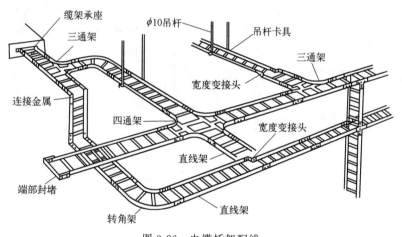

图 3-26　电缆桥架配线

一、电缆桥架安装施工工艺

电缆桥架安装施工工艺、方法和要点包括以下 5 个方面。

1. 弹线定位

桥架安装前，应根据设计图纸确定线路走向和接线盒、配电箱、电气设备的安装位置，用粉线袋弹线定位，并标出电缆桥架、支（吊）架的位置。

2. 预埋铁或膨胀螺栓

① 预埋铁的自制加工尺寸应不小于 120mm×60mm×60mm，其锚固圆钢的直径应不小于 8mm。

② 密切配合土建施工。

方法一：将预埋铁的平面放在钢筋网片下面，紧贴模板，可以采用绑扎或焊接的方法将锚固圆钢固定在钢筋网上；模板拆除后，预埋铁的平面应明露，再将支（吊）架焊在上面固定。

方法二：根据支（吊）架承受的载荷，选择相应的金属膨胀螺栓及钻头，可用螺母配上相应的垫圈，将支（吊）架直接固定在金属膨胀螺栓上。吊杆安装如图 3-27 所示。

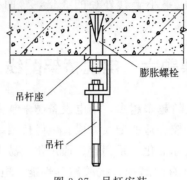

图 3-27　吊杆安装

3. 支（吊）架安装

电缆桥架安装方法包括壁装、吊装和落地安装 3 种，如图 3-28～图 3-30 所示。

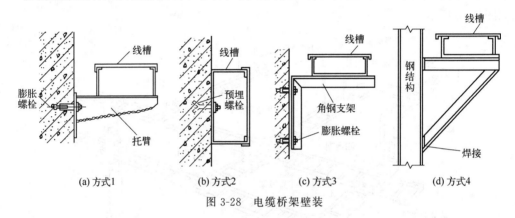

图 3-28　电缆桥架壁装

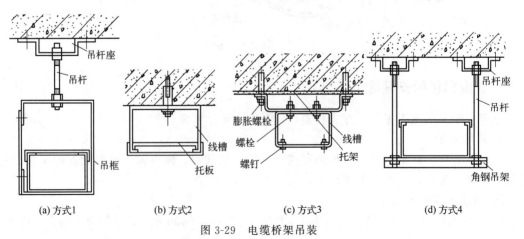

图 3-29　电缆桥架吊装

① 支架与吊架所用钢材应平直，无显著变形。下料后长短偏差应在 5mm 范围内，切口处应无卷边、毛刺。

② 支架与吊架的规格一般为扁钢不小于 30mm×3mm，角钢不小于 25mm×25mm×3mm。

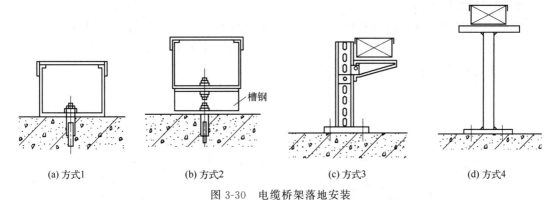

图 3-30 电缆桥架落地安装

③ 水平固定支架间距一般为 1.5~3m。垂直安装的支架间距不大于 2m。在进出接线盒、箱、柜、转角、转弯和变形缝两端及丁字接头的三端 500mm 以内，应设置固定支持点。

4. 电缆桥架安装

在已安装好的支（吊）架上敷设电缆桥架，一般可从起点向终点敷设或从起点和终点两头同时敷设。通常先将分支处的弯头或三通弯头等电缆桥架组件粗调、固定好，以便确定直线段电缆桥架长度。尽可能使用电缆桥架的标准弯头等组件，在条件允许时可自制弯头，但应满足相关的工艺要求。电缆桥架水平安装如图 3-31 所示。电缆桥架垂直安装如图 3-32 所示。

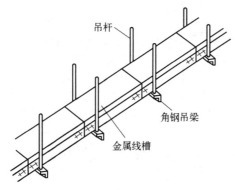

图 3-31 电缆桥架水平安装

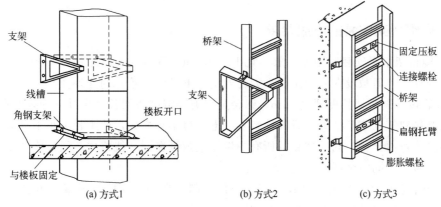

图 3-32 电缆桥架垂直安装

5. 保护接地的安装

① 非镀锌桥架连接处应跨接地线，地线截面不小于 4mm^2，不得熔焊跨接地线。镀锌桥架连接处不需跨接地线，但连接板两端应至少有 2 个带防松螺母或防松垫圈的固定螺栓。线槽、桥架跨接地线连接如图 3-33 所示。

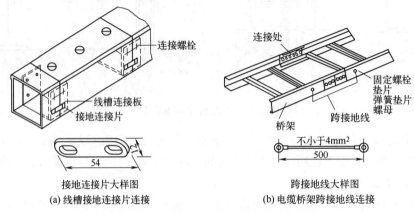

图 3-33　线槽、电缆桥架跨接地线连接

② 在伸缩缝或软连接处需采用软编制铜线连接，电缆桥架过伸缩缝跨接地线的处理方法如图 3-34 所示。

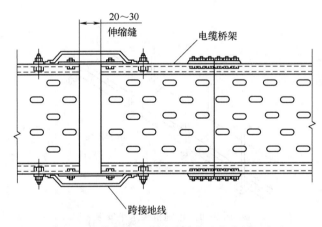

图 3-34　电缆桥架过伸缩缝跨接地线的处理方法

二、电缆桥架安装的一般要求

① 电缆桥架水平安装时距地一般不宜小于 2.5m，垂直安装时距地面 1.8m 以下部分应加金属盖板保护，但敷设在专用房间（如配电室、电气竖井等）内除外。

② 直线段钢制桥架长度超过 30m，铝合金或玻璃钢制桥架长度超过 15m，要设伸缩节，电缆桥架跨越建筑物变形缝处设置补偿装置。电缆桥架转弯处弯曲半径不小于电缆桥架内电缆的最小允许弯曲半径。同一回路的所有中性线应敷设在同一线槽内，同一路径无防干扰要求的线路可敷设于同一金属线槽内。

③ 强电、弱电线路应分槽敷设，若受条件限制需在同一层电缆桥架上敷设时，应用隔板隔开。强电、弱电共用电缆桥架安装如图 3-35 所示。

④ 电缆桥架与支架间螺栓、电缆桥架连接板固定螺栓不得遗漏，螺母位于电缆桥架外侧。当铝合金桥架与钢支架固定时，应有相互之间绝缘的防电化学腐蚀措施。

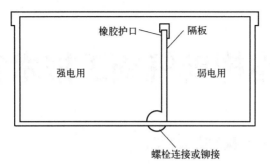

图 3-35　强电、弱电共用电缆桥架安装

⑤ 电缆桥架不得用气焰切割，最好使用钢锯切割，切割口要平整，开孔应使用电钻，不得使用气焊、电焊。金属桥架要进行防锈涂漆处理。

⑥ 电缆桥架的始端与终端应封堵牢固。对于有盖板的电缆桥架，在电缆敷设结束后，要将盖板盖好。

思考与练习

1. 建筑电气工程安装施工分为哪三个阶段？
2. 室内配线有哪几个方面的规定？
3. 金属管暗配线、明配线施工工艺主要有哪些？
4. 金属线槽明敷设和塑料线槽明敷设的施工工艺分别有哪些？
5. 塑料护套线配线有哪些要求？
6. 电缆桥架配线的施工工艺有哪些？

单元四

电梯电气施工技术实训

一、电梯机房电气装置的安装实训

1. 知识目标
① 学会用电气施工常用安装工具、测量仪表等安装机房电气装置。
② 学会将电气原理图变换成安装接线图的知识。
③ 掌握电梯电源箱、控制柜安装，机房布线的要求，并能正确施工。
④ 增强专业意识，培养良好的职业道德和职业习惯。

2. 技能目标
① 能正确使用工具、测量仪表。
② 能将控制柜、电源箱按要求安装。
③ 能正确进行机房布线。
④ 能正确分析和排除在安装、布线过程中所出现的各类故障。

3. 实训器材
① 电梯机房安装实训平台，如图 4-1 所示，1 套。
② 电梯电源箱、控制柜，如图 4-2、图 4-3 所示，1 套。
③ 万用表、钳形电流表，1 块。
④ 铁线槽、线管、电线、电工工具等。

图 4-1 电梯机房安装实训平台

4. 实训步骤、内容及工艺要点
① 电梯的电源应专用，并应由配电间直接送电至机房；电梯机房照明电源应与电梯电源分开，并应在机房靠近入口处设置照明开关；电梯机房内应有足够的照明。
② 准备导线和线槽，检测控制柜、电源箱质量的好坏。
③ 根据机房平面布置图和接线图（图 4-4）决定控制柜和电源箱的位置。
④ 按工艺要求连接线路。

（1）控制柜安装

单元四 电梯电气施工技术实训 ◀ 147

图 4-2 电梯电源箱

图 4-3 控制柜

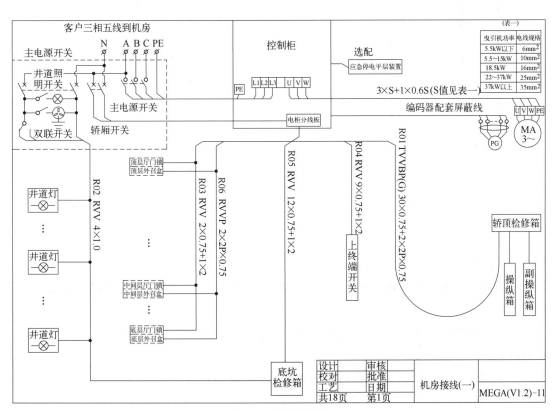

图 4-4 机房接线图

控制柜安装时应按图纸规定的位置施工，如图 4-5 所示。如无规定，应根据机房面积、形式做合理安排，必须符合维修方便、巡视安全的要求。控制柜的安装应布局合理，固定牢固，其垂直偏差不应大于 1.5‰。当设计无要求时，安装位置应符合下列规定。

① 应与门、窗保持足够的距离，门、窗与控制柜正面距离不少于 1000mm。

② 控制柜成排安装时，当其宽度超过 5m 时，两端应留有出入通道，通道宽度不少于 600mm。

③ 控制柜与机房内机械设备的安装距离不宜小于 500mm。

④ 控制柜安装后，垂直度不大于 3/1000，并用弹性销钉或者采用墙用固定螺栓紧固在地面上。

⑤ 电缆可通过暗敷线槽，从各个方向引入控制柜，也可以通过明敷线槽从控制柜后面或前面的引线孔把线引入控制柜。

（2）电源箱安装

机房电源箱应安装在机房入口附近，距机房地面高 1.4~1.5m，用两个适当规格的膨胀螺栓牢靠地紧固在墙面上（图 4-6）。

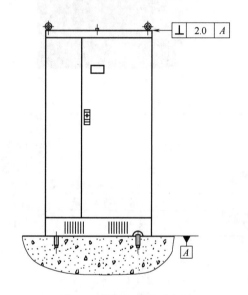

图 4-5 控制柜安装示意图

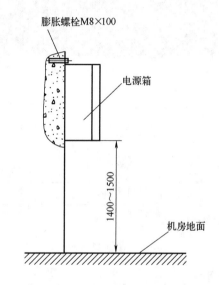

图 4-6 机房电源箱安装示意图

（3）机房线槽的安装

机房线槽安装技术要求如下。

① 机房线槽安装后应横平竖直，其水平度及垂直度误差应控制在 4‰ 以内，全长偏差不应超过 20mm。

② 线槽接口应严格用连接板及螺栓紧固，每个线槽至少用 2 个塑料胀管及木螺钉紧固在地面上。

③ 铺设电缆线前必须将线槽内清理干净，绝不能遗留任何污垢和杂物，槽内不许有积水。

④ 线槽盖应齐全，盖好后应平整，无翘角。每个直线段线槽盖用 4~6 个螺钉紧固，直角线槽、三通线槽可用 2 个螺钉紧固。

5. 项目实施计划

项目实施计划见表 4-1。

表 4-1 项目实施计划

步骤	内容	计划时间	实际时间	完成情况
1	看懂平面布置图、电路图,明确安装要求、电路工作原理			
2	画出接线图			
3	检查器件、材料质量			
4	按工艺要求安装主电路			
5	按工艺要求安装控制电路			
6	自检电路			
7	交验、通电试车			

6. 试车

（1）试车前自检

① 断电,用万用表 R×100 挡或 R×10 挡分别测量电源箱出线端到控制柜进线端的电阻,若为零,则表明电路连接正常。

② 检查接地情况。

③ 检查主电源开关与照明电源开关是否单独分开控制。

（2）试车过程

① 合上电源开关,观察控制柜电源灯、相序继电器,看是否正常。

② 分别断开主电源开关和照明电源开关,看是否能单独控制。

7. 实训评价

实训评价见表 4-2。

表 4-2 实训评价

评分项目	评分标准	自评	小组评	教师评	得分
安装质量 （此项满分 40 分, 扣完为止）	①元件选择不当,每个扣 2 分				
	②元件未经检查就装上,扣 5 分				
	③不按布置图安装元件,扣 15 分				
	④元件布局不合理,扣 10 分				
	⑤操作不方便,维修困难,每处扣 5 分				
	⑥线槽或线管安装不牢,每个扣 5 分				
	⑦安装时损坏元件,扣 15 分				
线路敷设质量 （此项满分 40 分, 扣完为止）	①不按原理图接线,扣 20 分				
	②线路敷设整齐、横平竖直,不交叉、不跨接。布线不符合要求,每根扣 3 分				
	③导线露铜过长、压绝缘层、绕向不正确,每处扣 2 分				
	④ 导线压接坚固、不伤线芯。接线松动、损伤导线绝缘或芯线,每根扣 2 分				
	⑤编码管齐全,每缺一处扣 1 分				
	⑥漏接地线,扣 10 分				

续表

评分项目	评分标准	自评	小组评	教师评	得分
通电试车 (此项满分20分, 扣完为止)	①不能正确使用仪表测量,扣5分				
	②正确区分开关控制,错了扣5分				
	③一次通电不成功,扣5分				
	④两次通电不成功,扣10分				
	⑤三次通电不成功,扣20分				
	⑥违反安全操作规程,扣10~20分				
考核时间	120分钟,每超时10分钟扣5分				
考核日期		考核人签名			

二、底坑电梯停止装置及井道照明设备的安装实训

1. 知识目标

① 学习底坑电梯停止装置及井道照明线路的连接和操作。
② 加深对电气施工工艺的了解,正确理解电梯停止装置的作用。
③ 掌握线路中各种故障的检查方法,并能准确地判断故障位置。
④ 学会安装开关的井道照明电路。
⑤ 为安装井道电气装置打下基础。
⑥ 增强专业意识,培养良好的职业道德和职业习惯。

2. 技能目标

① 能正确安装底坑电梯停止装置及井道照明设备并按电路图接线。
② 掌握接线方法和安装工艺。
③ 会分析、排除电路中的故障。

笔记

3. 实训器材

① 电梯电气施工技术综合实训装置,如图4-7所示,1套。
② 底坑电梯停止装置、井道照明设备,如图4-8所示,1套。
③ 万用表,1块。
④ 验电笔、剥线钳、螺钉旋具、钢丝钳等安装工具。

4. 实训步骤、内容及工艺要点

① 底坑电梯停止装置是为保证进入底坑的电梯检修人员的安全而设置的,应安装于检修人员开启底坑门后就能方便摸到的位置。井道内设置亮度适当的永久性照明装置,供检修电梯及应急时使用。
② 准备导线和线槽,检查停止开关、井道灯、开关质量的好坏。
③ 根据井道布置图的要求决定停止装置和井道照明设备的位置。
④ 按工艺要求连接线路。

(1) 底坑停止装置安装

① 如果停止装置在进入底坑时和在底坑地面上都能方便操作,可以只设置一个,否则应各设置一个,如图4-9所示。
② 停止装置由停止开关和底坑照明设备及照明开关组成,如图4-8所示。停止开关从

单元四 电梯电气施工技术实训 | 151

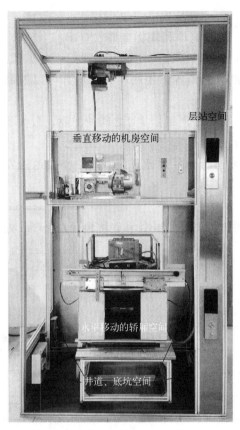

图 4-7 电梯电气施工技术综合实训装置

图 4-8 底坑电梯停止装置及井道照明

机房控制柜中的安全回路通过线管或线槽引线连接，底坑照明由机房控制柜中的照明电源开关通过线管或线槽引线连接，由停止装置上的开关控制，与停止开关不相关。

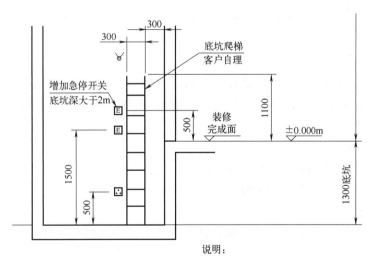

井道剖面图

说明：
- ⌄ 双向照明开关(客户自理)
- 🅴 急停开关
- ▣ 防水插座(客户自理)

图 4-9 底坑停止装置设置位置

（2）井道照明安装

根据《电梯制造与安装安全规范 第1部分：乘客电梯和载货电梯》（GB/T 7588.1—2020）要求，井道照明开关应在机房和底坑分别装设，以便这两个地方均能控制井道照明。因此，井道开关应设置为双联开关，或者使用电源断路器等，使底坑和机房都可以控制井道灯。

① 由底坑向上从0.5m起至井道顶端安装的照明灯具，每2盏灯之间的间隔，最大不应超过7m。距井道顶部0.5m以内，应设置1盏照明灯。

② 井道照明灯的安装位置，应选择在井道中无运行部件碰撞且能有效照亮井道的安全位置。

③ 要求各灯具外壳可靠接地。

④ 井道照明应保证即使在所有的门关闭时，在轿顶以上1m处和底坑地面以上1m处的照度均至少为50lx。

5. 项目实施计划

项目实施计划见表4-3。

表4-3 项目实施计划

步骤	内容	计划时间	实际时间	完成情况
1	看懂平面布置图、电路图，明确安装要求、电路工作原理			
2	画出接线图			
3	检查器件、材料质量			
4	按工艺要求安装主电路			
5	按工艺要求安装控制电路			
6	自检电路			
7	交验、通电试车			

笔记

6. 试车

（1）试车前自检

① 断电，用万用表R×100挡或R×10挡分别测量控制柜安全回路出线端到停止装置急停开关之间的电阻和控制柜照明电源出线端到停止装置照明开关之间的电阻。若为零，则表明电路连接正常。

② 检查接地情况。

③ 检查机房井道照明开关与底坑井道照明开关是否单独控制。

④ 检查井道照明灯具是否安装好。

（2）试车过程

① 合上控制柜照明电源开关，分别打开机房及底坑井道照明开关，观察井道照明是否正常。

② 打开停止装置照明开关，观察底坑停止装置灯是否正常。按下急停开关，检查电梯控制柜安全回路是否断开。

7. 实训评价

实训评价见表4-4。

表 4-4 实训评价

评分项目	评分标准	自评	小组评	教师评	得分
安装质量 (此项满分 40 分， 扣完为止)	①元件选择不当，每个扣 2 分				
	②元件未经检查就装上，扣 5 分				
	③不按布置图安装元件，扣 15 分				
	④元件布局不合理，扣 10 分				
	⑤操作不方便，维修困难，每件扣 5 分				
	⑥线槽或线管安装不牢，每个扣 5 分				
	⑦安装时损坏元件，扣 15 分				
线路敷设质量 ((此项满分 40 分， 扣完为止)	①不按原理图接线，扣 20 分				
	②线路敷设整齐、横平竖直，不交叉、不跨接。布线不符合要求，每根扣 3 分				
	③导线露铜过长、压绝缘层、绕向不正确，每处扣 2 分				
	④导线压接坚固、不伤线芯。接线松动、损伤导线绝缘或芯线，每根扣 2 分				
	⑤编码管齐全，每缺一处扣 1 分				
	⑥漏接地线，扣 10 分				
通电试车 (此项满分 20 分， 扣完为止)	①不能正确使用仪表测量，扣 5 分				
	②单独开关控制，错了扣 5 分				
	③一次通电不成功，扣 5 分				
	④两次通电不成功，扣 10 分				
	⑤三次通电不成功，扣 20 分				
	⑥违反安全操作规程，扣 10~20 分				
考核时间	120 分钟，每超时 10 分钟扣 5 分				
考核日期		考核人签名			

参 考 文 献

[1] 王海燕,展希才,程继兴. 电工技术 [M]. 北京:机械工业出版社,2016.
[2] 胡联红,赵瑞军. 电气施工技术 [M]. 北京:电子工业出版社,2012.
[3] 孙彤,明立军,刘雅琴. 电工电子技术 [M]. 3版. 北京:机械工业出版社,2024.
[4] 席时达. 电工技术 [M]. 4版. 北京:高等教育出版社,2014.
[5] 颜伟中. 建筑电工技术 [M]. 北京:高等教育出版社,2005.
[6] 熊幸明. 工厂电气控制技术 [M]. 北京:清华大学出版社,2005.
[7] 刘兵,胡联红,夏和娜. 建筑电气与施工用电 [M]. 北京:电子工业出版社,2006.
[8] 韩永学. 建筑电气施工技术 [M]. 3版. 北京:中国建筑工业出版社,2015.
[9] 芮静康. 电梯电气控制技术 [M]. 北京:中国建筑工业出版社,2005.
[10] 张振环. 电梯电气维修基本技能 [M]. 北京:中国劳动社会保障出版社,2007.
[11] 陈家盛. 电梯结构原理及安装维修 [M]. 5版. 北京:机械工业出版社,2019.
[12] 刘剑,朱德文,梁质林. 电梯电气设计 [M]. 北京:中国电力出版社,2006.
[13] 徐乐文,蒋蒙安. 电气控制与PLC [M]. 北京:机械工业出版社,2021.
[14] 叶安丽. 电梯控制技术 [M]. 2版. 北京:机械工业出版社,2018.
[15] 刘剑,朱德文. 电梯控制、安全与操作 [M]. 北京:机械工业出版社,2011.
[16] 朱德文,张振迪,李大为. 图表详解电梯安装 [M]. 北京:中国电力出版社,2008.

笔记